Clemens Kaesler

Kosten- und Leistungsrechnung der Bilanzbuchhalter

Clemens Kaesler

Kosten- und Leistungsrechnung der Bilanzbuchhalter

Mit Übungsklausuren für die IHK-Prüfung

3. Auflage

GABLER

Bibliografische Information der Deutschen Nationalbibliothek
Die Deutsche Nationalbibliothek verzeichnet diese Publikation in der
Deutschen Nationalbibliografie; detaillierte bibliografische Daten sind im Internet über
<http://dnb.d-nb.de> abrufbar.

1. Auflage 2010

Lektorat: RA Andreas Funk

Gabler ist Teil der Fachverlagsgruppe Springer Science+Business Media.
www.gabler.de

Umschlaggestaltung: KünkelLopka Medienentwicklung, Heidelberg
Druck und buchbinderische Verarbeitung: Ten Brink, Meppel
Gedruckt auf säurefreiem und chlorfrei gebleichtem Papier
Printed in the Netherlands

ISBN 978-3-8349-2048-5

Vorwort

Vorwort und Anmerkungen zur Verwendung dieses Buches

Die Bilanzbuchhalterprüfung ist eine der anspruchsvollsten Weiterbildungsprüfungen im Rahmen der beruflichen Aufstiegsfortbildung! Dieses Werk soll Sie in Ihrem Engagement unterstützen und bietet Ihnen ein hilfreiches Tool für die gezielte Vorbereitung auf die Klausur im Fach Kosten- und Leistungsrechnung. Die nunmehr 3. Auflage des Buches greift die Neuerungen des Bilanzbuchhalterrahmenplans auf. Diesen wird insbesondere mit einer zusätzlichen Lerneinheit zum Bereich Kostenmanagement, das auch die Zielkostenrechnung sowie die Prozesskostenrechnung umfasst.

Neben der fachsystematischen Gliederung ist das Buch in insgesamt 8 Lerneinheiten aufgeteilt. Diese Lerneinheiten sind nach didaktischen Gesichtspunkten so eingeteilt, dass sie zügig durchgearbeitet werden können. Jede Lerneinheit schließt mit Wissensfragen und Übungsaufgaben ab. Die Lösungen finden Sie direkt auf den darauf folgenden Seiten, um Ihnen lästiges Suchen im Buch zu ersparen. Die Lerneinheiten bauen aufeinander auf, weshalb Sie zunächst die Lerneinheiten 1-7 nacheinander bearbeiten sollten. Als Abschluss (und als „Generalprobe“) ist die Lerneinheit 8 gedacht. Dort finden Sie Probeklausuren, die in ihrem Umfang und Niveau den IHK-Prüfungen angeglichen sind.

In die Kapitel sind gezielt Prüfungstrainingsaufgaben eingebaut, die Sie direkt zu Ihrer schriftlichen Abschlussprüfung führen sollen. Diese sind wie die Prüfungsaufgaben aufgebaut, d.h. Sie haben einen Fall, den Sie lösen sollen. Lesen Sie sich zunächst diese Trainingsaufgaben mit der jeweiligen Lösung durch. Versuchen Sie dann, noch bevor Sie in der Lerneinheit fortschreiten, die Aufgaben selbstständig zu lösen. Damit bauen Sie sich prüfungsrelevantes Handlungswissen auf und räumen Verständnisschwierigkeiten direkt „vor Ort“ aus dem Weg.

An bestimmten Punkten im Buch werden auch Prüfungstipps gegeben. Diese sollen Sie auf bestimmte Fehlerquellen oder besondere Fragestellungen zu dem jeweiligen-Thema sensibilisieren.

Für Anregungen und konstruktive Kritik bin ich Ihnen dankbar (info@unterricht-kaesler.de). Ich wünsche Ihnen bei der Arbeit mit dem Buch und für die anstehenden Prüfungen viel Erfolg.

Frankenthal, im Januar 2010 Clemens Kaesler

Inhaltsverzeichnis

Lerneinheit 1

Grundlagen

Diese Lerneinheit dient dem grundlegenden Verständnis der Aufgaben und Prinzipien der Kostenrechnung.

In dieser Lerneinheit sollen Sie folgende *Lernziele* erreichen:

- die Aufgabengebiete der KLR kennen lernen,
- die Arbeitsweise der drei Teilgebiete der KLR nachvollziehen können,
- das Zusammenspiel dieser drei Teilgebiete verstehen,
- die wichtigsten Prinzipien der KLR kennen lernen,
- die Begrifflichkeiten der KLR kennen,
- die Daten des Rechnungswesens den entsprechenden Begriffen zuordnen können.

1.1 Die Aufgaben der Kosten- und Leistungsrechnung

Die Kosten- und Leistungsrechnung (KLR) liefert aktuelle Daten für das unternehmerische Handeln und unterstützt nahezu alle Bereiche eines Unternehmens (z.B. die Marketingabteilung, die Einkaufsabteilung etc.) bei der Entscheidungsfindung. Die Kostenrechnung gliedert sich in drei Teilgebiete, denen besondere Aufgaben zufallen:

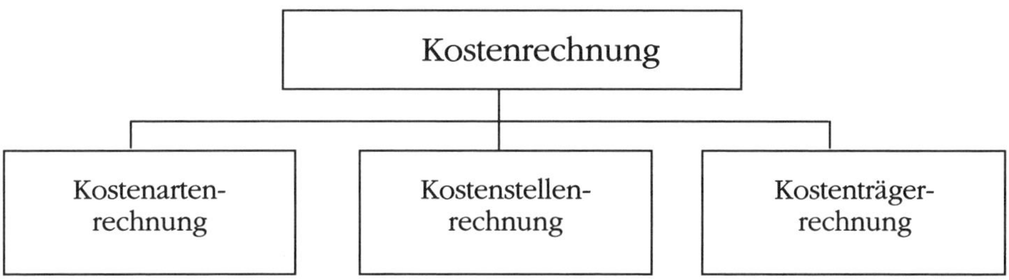

1. **Kostenartenrechnung:** Hier werden die Kosten einer Abrechnungsperiode vollständig erfasst und nach bestimmten Kriterien kategorisiert. Die Gesamtkosten können z.B. in variable und fixe Kosten aufgeteilt oder nach der Art der verbrauchten Produktionsfaktoren (z.B. Materialkosten, Energiekosten etc.) unterschieden werden.

Die Kostenartenrechnung gibt Antwort auf die Frage:

„Welche Kosten sind entstanden?“

Für die Kostenrechnung ist das Kriterium der Zurechenbarkeit besonders interessant, da hier die Kosten in Einzel- und Gemeinkosten eingeordnet werden.

2. **Kostenstellenrechnung:** Kostenstellen sind Betriebsbereiche, die kostenrechnerisch selbstständig abgerechnet werden. Die Einteilung des Unternehmens in Kostenstellen erfolgt üblicherweise danach, welche Bereiche eines Unternehmens zu einem Verantwortungsbereich oder nach den betrieblichen Funktionen (z.B. Fertigungskostenstelle, Verwaltungskostenstelle) zusammengefasst werden können.

Die Einteilung nach Verantwortungsbereichen ist insbesondere für die Kostenkontrollfunktion sehr wichtig und deckt sich in der Praxis oft mit der Einteilung nach den betrieblichen Funktionen.

Bei der Kostenstellenrechnung wird die Frage gestellt:

„Wo sind die Kosten entstanden?"

Die Kostenstellenrechnung ordnet den Kostenträgern (Produkte etc.) möglichst verursachungsgerecht die Gemeinkosten zu. Die Einzelkosten bedürfen der Kostenstellenrechnung nicht, da sie ihrem Wesen nach direkt den Kostenträgern zuordenbar sind. Die Umrechnung der Gemeinkosten erfolgt mithilfe eines Betriebsabrechnungsbogens (siehe Kapitel 3).

3. **Kostenträgerrechnung:** Kostenträger sind Leistungen des Betriebes (z.B. die Herstellung eines Autos), die den Verbrauch von Produktionsfaktoren (Rohstoffe, Arbeit) und damit die dementsprechenden Kosten verursacht haben.

Mit der Kostenträgerrechnung soll die Frage beantwortet werden:

„Wofür sind die Kosten entstanden?"

Ohne eine funktionstüchtige Kostenrechnung würde der Unternehmensleitung nur eine pauschale Summe von Kosten bekannt sein. Sie würde höchstens die Beträge kennen, die das Unternehmen bezahlt oder einnimmt.

Zentrale Frage der Kostenrechnung ist, welche Kosten welchem Kalkulationsobjekt zugeordnet werden können. Kalkulationsobjekte können Kostenstellen (z.B. Fertigung), Zeiträume (z.B. Kosten eines Quartals) oder Kostenträger (z.B. das hergestellte Produkt) sein. Oberstes Prinzip der Kostenrechnung ist das Verursachungsprinzip.

Verursachungsprinzip: Jedem Kalkulationsobjekt sollen die Kosten zugeordnet werden, die es verursacht hat.

Das Verursachungsprinzip ist in der Praxis nur bedingt anwendbar. In vielen Fällen muss im Betrieb ein Kompromiss darüber geschlossen werden, welchem Kostenträger welche Kosten zugeordnet werden können. Für viele Kosten eines Unternehmens ist es nahezu unmöglich, einen direkten Kostenträger zu finden.

Beispiel:

Wie können die Kosten, die von der Betriebskantine eines Autowerkes verursacht werden, den verschiedenen Automodellen (den Kostenträgern) „verursachungsgerecht" zugerechnet werden?

Eine Lösung in diesem Fall ist, dass jeder Arbeiter, entsprechend der Kostenstelle in der er arbeitet, eine gekennzeichnete Essensmarke bekommt und mithilfe dieser Essensmarken die Essen den Kostenstellen zugeordnet werden können. Diese Lösung wird allerdings schon problematisch, wenn auch alle Verwaltungsangestellten, die den Fertigungsbereichen nicht zuordenbar sind, in der Kantine essen.

Gänzlich unmöglich wird eine „verursachungsgerechte" Zuteilung von Kosten zu den Kostenträgern z.B. im Falle einer Betriebsfeuerwehr, eines Betriebsfestes (Tag der offenen Tür) etc.

Das obige Beispiel macht die Problematik des Verursachungsprinzips deutlich. Wie werden Kosten verrechnet, die mit keinem Produkt in direkter Beziehung stehen. Wie können z.B. Gehälter der einzelnen Vorstände „verursachungsgerecht" den verschiedenen Automodellen zugeordnet werden? Ein Unternehmen mit einer breiteren Produktpalette muss sich klare Regeln überlegen, wie solche Kosten auf die Kalkulationsobjekte verteilt werden können (welche dann jedoch meist das Verursachungsprinzip verletzen).

1.2 Grundlegende Begriffe

Die Betriebswirtschaftslehre hat zur Bezeichnung der vom betrieblichen Rechnungswesen erfassten Zahlungs- und Leistungsströme eine eigene Terminologie entwickelt. Bei den folgenden Begriffspaaren handelt es sich um Strömungsgrößen, durch deren gegenseitige Verrechnung Ergebnisse ermittelt werden, die unterschiedliche Aussagen über die Situation des Unternehmens zulassen.

Begriffspaar	Ergebnis
Auszahlungen/Einzahlungen	Zahlungssaldo
Ausgaben/Einnahmen	Finanzsaldo
Aufwand/Ertrag	Jahresüberschuss
Kosten/Leistungen	Betriebsergebnis

Einzahlung = Zugang von Bar- und Buchgeld

Auszahlung = Abgang von Bar- und Buchgeld

Die Differenz von Ein- und Auszahlungen wird als *Zahlungssaldo* (Zahlungsüberschuss) bezeichnet.

Beispiele:

Die folgenden „typischen“ Geschäftsvorfälle sind Auszahlungen:

Barentnahme:

Einzelhändler Schwarz entnimmt der Ladenkasse 100,- EUR, um mit seiner Frau essen zu gehen.

Barkauf:

Bei der Möbel AG wird eine Warenlieferung bar bezahlt.

Vorauszahlung:

Die Möbel AG leistet auf eine Bestellung eine Anzahlung i.H.v. 10.000,- EUR.

Tilgung:

Dank der guten Geschäftslage kann Unternehmer Müller seinem Geschäftsfreund und Kreditgeber in schlechten Zeiten 5.000,- EUR zurückzahlen. Das Geld überweist er von seinem Girokonto an seinen Freund.

Die folgenden typischen Fälle sind Einzahlungen:

Barzugang:

Ein Kunde des Möbelherstellers „Möbel AG“ bezahlt den Wohnzimmerschrank bar.

Vorauszahlung:

Ein Kunde gibt einen Wandschrank in Auftrag und bezahlt 1.000,- EUR im Voraus.

Einnahme = Wert aller veräußerten Güter

Ausgabe = Wert aller zugegangenen Güter

Die Differenz von Einnahmen und Ausgaben heißt *Finanzsaldo*.

Beispiele:

Einnahme, aber keine Einzahlung:

Der Möbelhersteller „Möbel AG“ verkauft 100 Computertische „auf Ziel“, d.h. die Ware wird geliefert, der Kunde bezahlt die Rechnung aber erst später. Der Verkauf der Computertische steigert die Umsatzerlöse des Unternehmens, obwohl ihm noch keine Mittel zugeflossen sind. Der Verkauf stellt somit eine Einnahme, aber keine Einzahlung dar.

Ausgabe = Auszahlung:

Barentnahme von 3.000,- EUR, Barkauf von Produktionsfaktoren in Höhe von 3.000,- EUR

Ausgabe, aber keine Auszahlung:

Wareneinkauf auf Ziel in Höhe von 500,- EUR:

Die Zahlungsmittelbestände und die sonstigen Forderungen ändern sich nicht. Die Verbindlichkeiten erhöhen sich, das Geldvermögen reduziert sich in der Höhe der Zunahme der Verbindlichkeiten.

> Aufwand = der in einer Rechnungsperiode verrechnete Wert der verbrauchten Güter, Dienstleistungen und des sonstigen Wertverzehrs
>
> Ertrag = der in einer Rechnungsperiode verrechnete Wert der erzeugten Güter, erbrachten Dienstleistungen und des sonstigen Wertzuwachses

Die Differenz von Erträgen und Aufwendungen für ein Geschäftsjahr ist der *Jahresüberschuss/Jahresfehlbetrag,* der im *handelsrechtlichen Jahresabschluss* festgestellt wird.

Beispiele:

Einnahme, aber kein Ertrag:

Verkauf einer Fertigungsmaschine zum Buchwert von 10.000,- EUR!

Der Verkauf stellt zwar eine Einnahme in Höhe von 10.000,- EUR dar (Erhöhung des Umlaufvermögens), das Betriebsvermögen des Unternehmens hat sich jedoch nicht erhöht, da der Wert des Anlagevermögens um 10.000,- EUR gesunken ist.

Ausgabe, aber kein Aufwand:

Rohstoffe werden gekauft und per Bank bezahlt (Ausgabe = Auszahlung). Aufwand entsteht erst, wenn die Rohstoffe dem Lager für die Produktion entnommen werden.

> Kosten = bewerteter, sachzielbezogener Güterverbrauch
> Leistung = bewertete, sachzielbezogene Güterentstehung

Beispiele:

Kosten:

In der Fertigung werden Rohstoffe im Wert von 5.000,- EUR verarbeitet (Materialkosten: 5.000,- EUR).

Leistung:

Im Produktionsprozess entstehen Güter, die einen Wert von 4.000,- EUR/St. auf dem Absatzmarkt erzielen.

Aufwand und Ertrag sind Begriffe des externen Rechnungswesens, während Kosten und Leistungen Begriffe des internen Rechnungswesens sind. Kosten stimmen dann mit dem Aufwand überein, wenn keine rechtlichen oder betriebswirtschaftlichen Gründe einer identischen Bewertung widersprechen. So sind zum Beispiel die Lohnkosten der Kostenrechnung meist mit dem Lohnaufwand der Geschäftsbuchhaltung identisch.

Stimmen Kosten mit dem Aufwand überein, spricht man von Grundkosten. Stehen den Kosten Aufwendungen in einer anderen Höhe gegenüber, bezeichnet man diese als Anderskosten (z.B. kalkulatorische Abschreibung vs. bilanzielle Abschreibung).

Bei Kosten, denen überhaupt kein Aufwand gegenübersteht, spricht man von Zusatzkosten (z.B. kalkulatorischer Unternehmerlohn, kalkulatorische Miete). Die Berechnung von Anderskosten oder Zusatzkosten dient dazu, die Genauigkeit der Kosten- und Leistungsrechnung zu erhöhen.

Im Gegenzug gibt es auch Aufwendungen, denen keine Kosten gegenüberstehen. Kosten sind immer auf den Leistungsprozess (den Unternehmenszweck) bezogen. Aufwendungen, die nicht mit dem eigentlichen Unternehmenszweck zu tun haben, werden als neutraler Aufwand bezeichnet. Der neutrale Aufwand mindert zwar auch das Betriebsvermögen, er wird jedoch in der Kostenrechnung nicht erfasst. Dieser Aufwand wird deshalb als neutral bezeichnet, weil er mit der momentanen Leistungserstellung nichts zu tun hat. Neutraler Aufwand ist periodenfremd, betriebsfremd oder außerordentlich.

Grundkosten = Kosten stimmen mit dem Aufwand überein.

Anderskosten = Kosten stehen Aufwendungen in einer anderen Höhe gegenüber.

Zusatzkosten = Den Kosten steht überhaupt kein Aufwand gegenüber.

Neutraler Aufwand = Keine Kosten, der Aufwand vermindert jedoch das Betriebsvermögen.

Beispiele:

Neutraler Aufwand, da periodenfremd:

Gewerbesteuernachzahlung für das vergangene Geschäftsjahr!

Betriebsfremder Aufwand:

Geldspende an das Rote Kreuz!

Außerordentlicher Aufwand:

besondere Schadensfälle durch Feuer oder Einbruch etc.

Grundkosten:

Ein Schreiner kauft 5 Festmeter (m^3) Buchenholz zu 50,- EUR/m^3, die zur Herstellung von Kleiderschränken voll in die Produktion eingehen. Für die Kalkulation in der Kostenrechnung werden die 50,- EUR/m^3 verrechnet, es sind somit Kosten in Höhe von 250,- EUR angefallen. Die Geschäftsbuchhaltung erfasst die Lieferung des Holzes (Ausgabe), die Bezahlung des Holzes (Auszahlung) und den Verbrauch des Holzes (Aufwand) mit 250,- EUR. Aufwand und Kosten sind somit gleich. Die Grundkosten entsprechen somit dem Zweckaufwand.

Anderskosten:

Die Schreinerei schafft sich eine Sägemaschine für 4.000,- EUR an. Man geht von einer Nutzungsdauer von 4 Jahren aus. Es wird damit gerechnet, dass der Wiederbeschaffungspreis einer gleichwertigen Maschine in 4 Jahren 6.000,- EUR betragen wird. In der GuV-Rechnung ist nur eine Abschreibung von den Anschaffungskosten (§ 253 HGB) zugelassen. In der Kostenrechnung geht man davon aus, dass mit den Produkten, die heute produziert werden, das Geld für die Wiederbeschaffung der Maschine verdient werden muss. Somit sind die Kosten bezüglich der Abnutzung der Maschine (sog. kalkulatorische Abschreibung) meist höher als der Aufwand (sog. bilanzielle Abschreibung).

Zusatzkosten:

Ein kalkulatorischer Unternehmerlohn ist bei Einzelunternehmen und Personengesellschaften für mitarbeitende Inhaber bzw. Gesellschafter anzusetzen, weil in diesen Fällen kein Geschäftsführer- oder Vorstandsgehalt (wie etwa bei Kapitalgesellschaften, z.B. Aktiengesellschaft, GmbH) gezahlt wird. Die Höhe des kalkulatorischen Unternehmerlohns richtet sich häufig nach den üblichen Gehältern gleich befähigter Führungskräfte, kann jedoch nicht als Aufwand in der GuV-Rechnung geltend gemacht werden.

1.3 Kostenverläufe

Der Gesamtkostenblock lässt sich in fixe und variable Kosten aufteilen, je nachdem, ob deren Höhe direkt von der Ausbringungsmenge abhängt (variable Kosten) oder ob die Kostenhöhe von der Ausbringungsmenge der Produktion unabhängig ist (fixe Kosten).

Der Ausdruck „variabel" alleine sagt aber noch nichts darüber aus, wie sich die Kosten mit einer Variation der Produktionsmenge verändern. In diesem Zusammenhang sind proportionale, überproportionale, unterproportionale und regressive Kosten zu unterscheiden.

Die Abkürzungen in den folgenden Abbildungen bedeuten:

K = gesamte Kosten,
K_{Fix} = gesamte Fixkosten,
K_{var} = gesamte variable Kosten,
k_{var} = variable Kosten pro Stück,
k_{fix} = fixe Kosten pro Stück,
k = Stückkosten (variabel und fix),
x = Stückzahl (Kosteneinflussgröße).

Proportionale Kosten

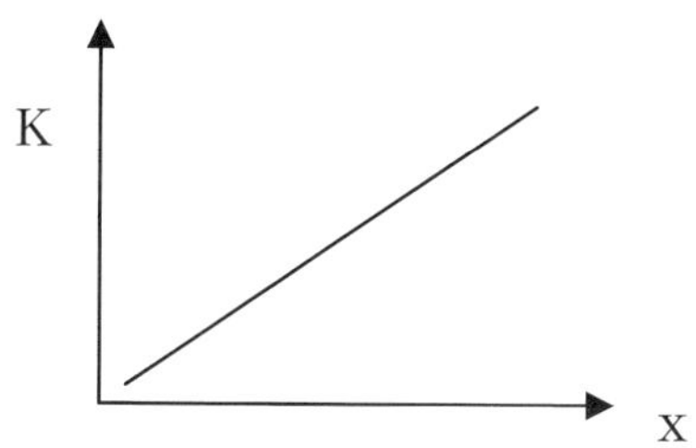

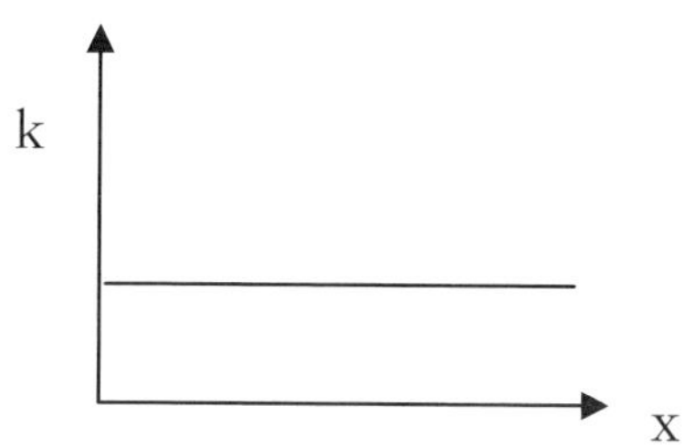

Die Gesamtkosten steigen proportional zur Produktionsmenge. Die Stückkosten (k) bleiben gleich.

Überproportionale Kosten

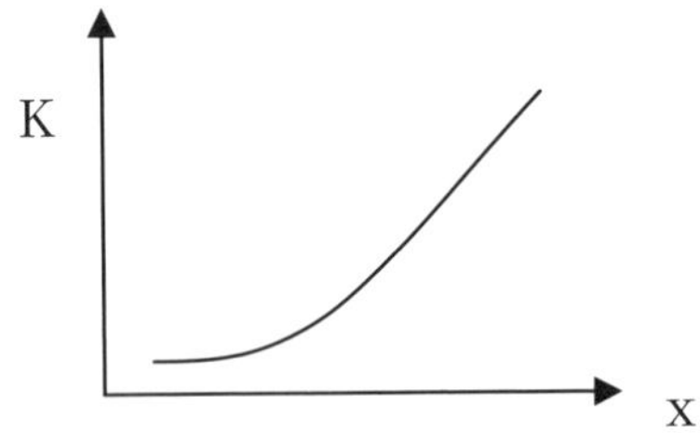

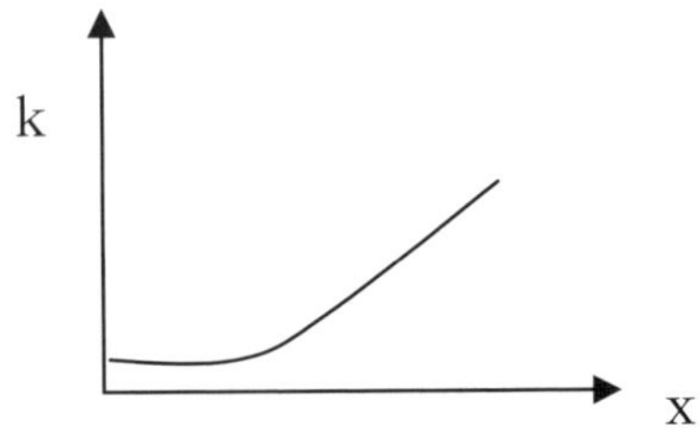

Die Gesamtkosten steigen überproportional zur Produktionsmenge. Die Stückkosten (k) erhöhen sich, mit der Steigerung der Produktionsmenge x.

Unterproportionale Kosten

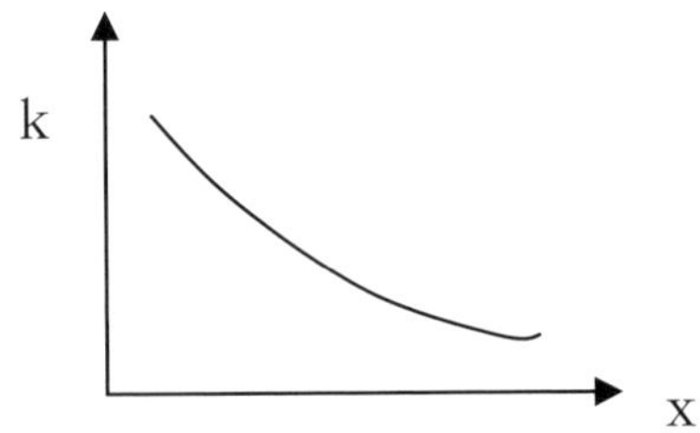

Die Gesamtkosten steigen unterproportional zur Produktionsmenge. Die Stückkosten (k) sinken mit der Steigerung der Produktionsmenge x.

Regressive Kosten

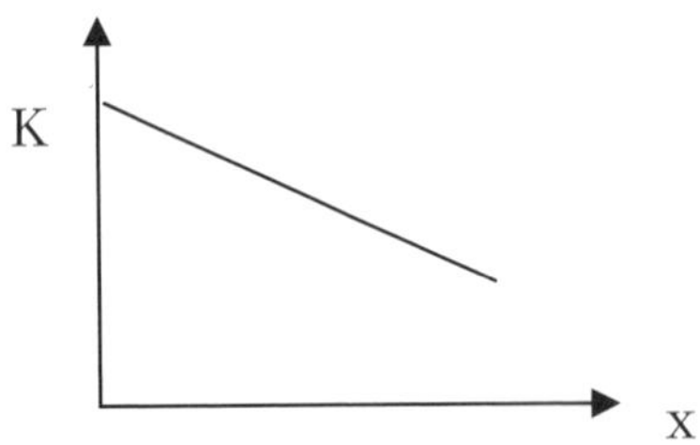

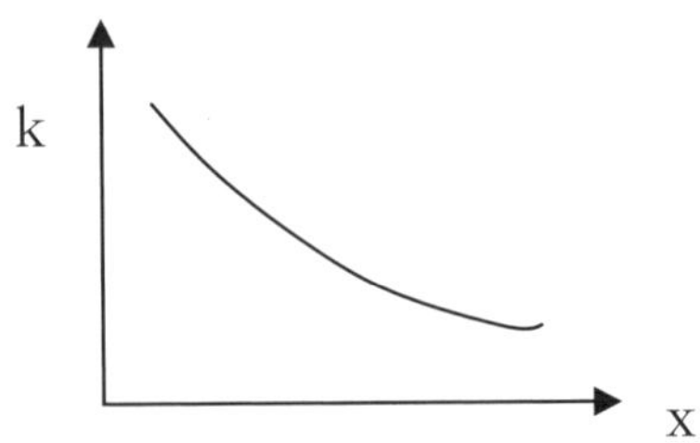

Gesamtkosten sinken mit dem Steigen der Produktionsmenge. Die Stückkosten (k) sinken mit der Steigerung der Produktionsmenge x.

Fixe Kosten

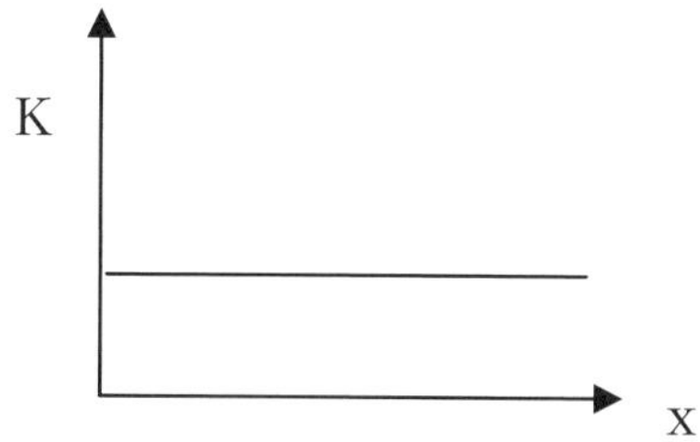

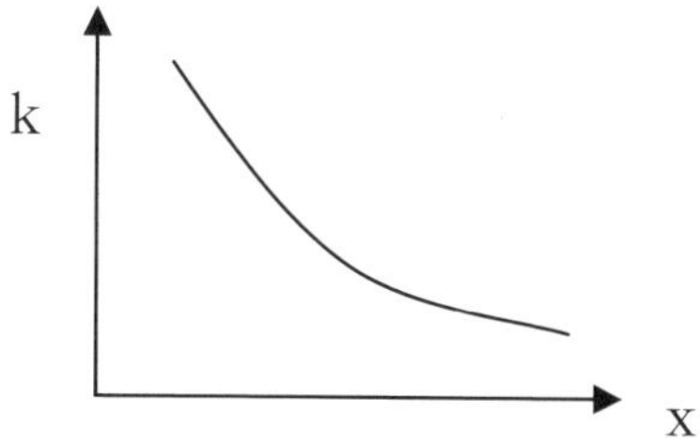

Die Fixkosten (K) sind von der Ausbringungsmenge unabhängig. Die anteiligen Stückkosten sinken mit Erhöhung der Produktion.

Zusammengesetzte Kosten

In der Regel hat ein Unternehmen variable Kosten, die von der Beschäftigung abhängig sind und fixe Kosten, die beschäftigungsunabhängig sind. Die graphische Darstellung davon ist:

Variable Kosten

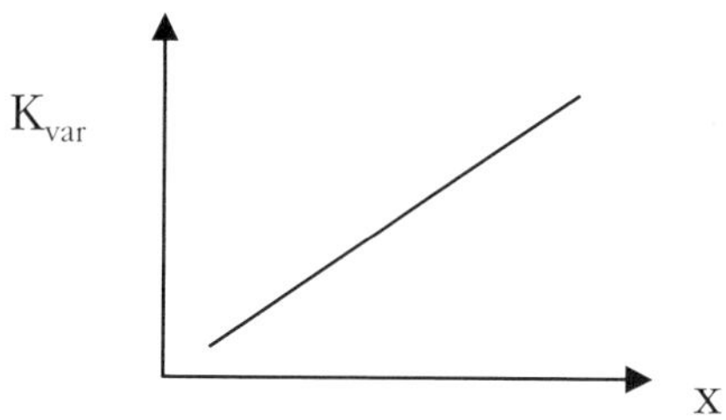

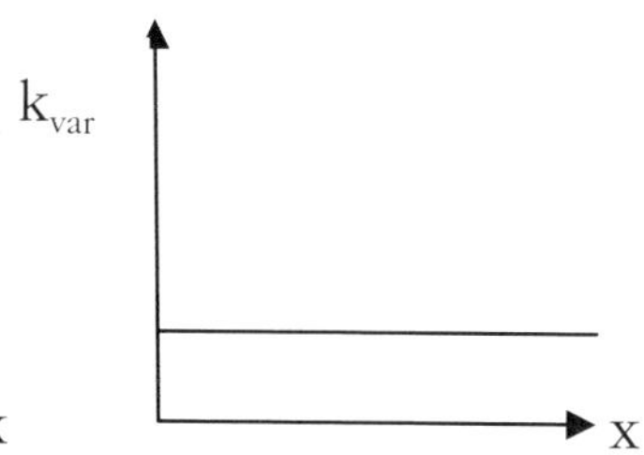

Die Formel hierfür ist:

$$K_{var} = k_{var} * x$$

Gesamte Kosten = variable + fixe Kosten:

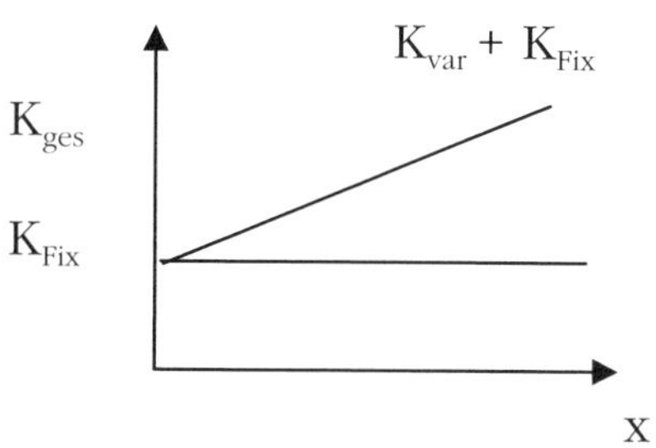

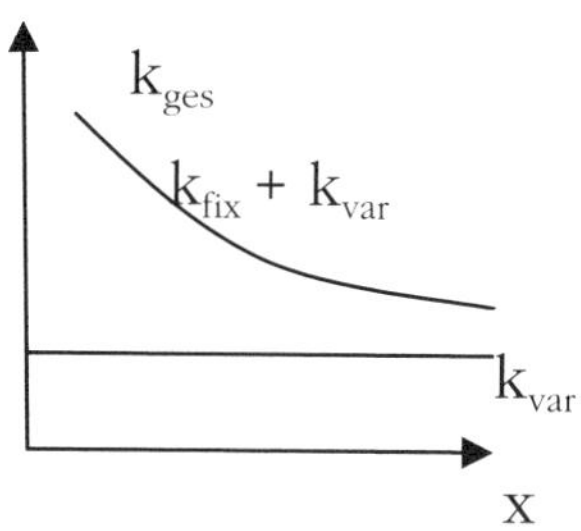

Die Formeln hierfür sind:

gesamte Kosten (K_{ges}):

$$K_{ges} = K_{var} + K_{Fix}$$
$$K_{ges} = k_{var} * x + K_{Fix}$$

gesamte Stückkosten (k_{ges}):

$$k_{ges} = K_{ges} / x$$
$$k_{ges} = (K_{var} + K_{Fix}) / x$$
$$k_{ges} = k_{var} + K_{Fix} / x$$

Prüfungstipp: Prägen Sie sich die Formeln gut ein. In Prüfungsaufgaben kann es vorkommen, dass Sie neben der rechnerischen Lösung auch eine graphische Darstellung der Kostenverläufe vornehmen müssen.

Prüfungstraining: Differenz–Quotientenverfahren, Kostenfunktion, Fixkostendegression, Darstellung von Kostenverläufen

Das Controlling der Maschinen AG stellt beim Fertigungsbereich I für den Monat Juli Gesamtkosten i.H.v. 212.500,- EUR fest. Im Fertigungsbereich I wurden dabei 2.160 Werkteile gefertigt. Im August werden bei einer Fertigung von 1.820 Werkteilen gesamte Kosten i.H.v. 198.300,- EUR festgestellt.

a.) Ermitteln Sie mithilfe des Differenz-Quotientenverfahrens die Kostenfunktion für den Fertigungsbereich I.

Der Fertigungsbereich I soll stärker automatisiert werden. Aufgrund dieser Maßnahme würden die Fixkosten auf 160.000,- EUR/Monat steigen. Die variablen Kosten sinken dagegen auf 20,- EUR/St. Ab welcher Fertigungsmenge ist die Automatisierung sinnvoll?

b.) Die Kostenfunktion des Fertigungsbereiches II ist:

$$K_{ges} = 180.000,\text{- EUR} + 35,\text{- EUR/St.} * x$$

Zeigen Sie tabellarisch wie eine steigende Stückzahl in 1.000er Schritten eine Fixkostendegression bewirkt.

Stellen Sie den Verlauf der Gesamtkosten, der gesamten Stückkosten sowie der Fixkosten pro Stück in Abhängigkeit von der Stückzahl dar!

Lösung:

a.) Mithilfe des Differenz-Quotientenverfahrens soll die Kostenfunktion ermittelt werden. Dabei wird zunächst der variable Kostensatz ermittelt:

$$\text{variable Stückkosten } (k_{var}) = \frac{(212.500,\text{- EUR} - 198.300,\text{- EUR})}{(2.160 \text{ St.} - 1.820 \text{ St.})}$$

$$= \frac{14.200,\text{- EUR}}{340 \text{ St.}}$$

$$= 41{,}76 \text{ EUR/St.}$$

Die variablen Stückkosten betragen 41,76 EUR/St.

Mithilfe dieses Wertes können nun die Fixkosten (K_{Fix}) des Fertigungsbereiches berechnet werden. Die Werte des Monats Juli werden dabei in die allgemeine Kostenfunktion eingesetzt.

$$\mathbf{K_{ges} = K_{Fix} + k_{var} * x}$$

$$\Leftrightarrow \quad 212.500,\text{- EUR} = 41{,}76 \text{ EUR/St.} * 2.160 \text{ St.} + K_{Fix}$$

$$\Leftrightarrow \quad K_{Fix} = 212.500,\text{- EUR} - 41{,}76 \text{ EUR/St.} * 2.160 \text{ St.}$$

$$\Leftrightarrow \quad K_{Fix} = 122.298{,}40 \text{ EUR}$$

Die Kostenfunktion lautet damit:

$$K_{ges} = 122.298{,}40 \text{ EUR} + 41{,}76 \text{ EUR/St.} * x$$

Es wird die Kostenfunktion vor der Automatisierung mit der Kostenfunktion nach der Automatisierung gleich gesetzt:

$$122.298{,}40 \text{ EUR} + 41{,}76 \text{ EUR/St.} * x = 160.000,\text{- EUR} + 20,\text{- EUR/St.} * x$$

$$21{,}76 \text{ EUR/St.} * x = 37.701{,}60 \text{ EUR}$$

$$x = 1.732{,}61 \text{St.}$$

Ab einer Stückzahl von 1.733 ist die Automatisierung kostengünstiger. Wird also eine konstante Auslastung über diesem Wert erreicht, sollte automatisiert werden.

b.)

$$K_{ges} = 180.000,\text{- EUR} + 35,\text{- EUR/St.} * x$$

$$K_{fix} = 180.000,\text{- EUR}$$

$$k_{var} = 35,\text{- EUR/St.}$$

k_{ges} = gesamte Kosten pro Stück

x	1 St.	1.000 St.	2.000 St.	3.000 St.
$k_{fix} = K_{fix} / x$	180.000,- EUR/St.	180,- EUR/St.	90,- EUR/St.	60,- EUR/St.
k_{var}	35,- EUR/St.	35,- EUR/St.	35,- EUR/St.	35,- EUR/St.
k_{ges}	180.035,- EUR/St.	215,- EUR/St.	115,- EUR/St.	95,- EUR/St.

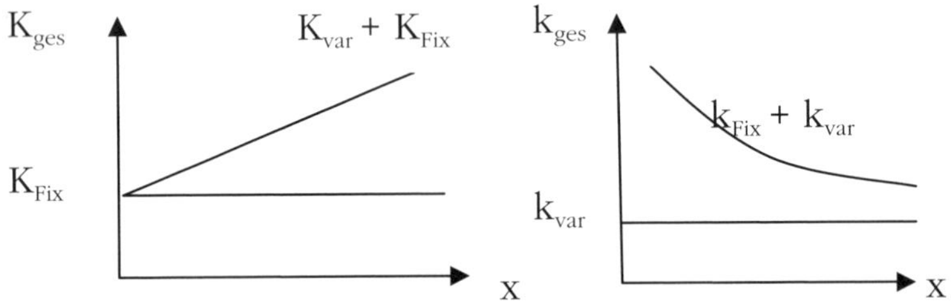

1.4 Weitere Kostenbegriffe

Nutzkosten

Nutzkosten sind die Kosten, die in der Produktion tatsächlich benötigt werden, um zu produzieren. Von den Nutzkosten grenzt sich der Begriff der Leerkosten ab.

Leerkosten

Leerkosten sind die Kosten, die zwar angefallen, aber ins „Leere“ gelaufen sind. Sie haben mit dem Leistungserstellungsprozess nicht genutzt.

Beispiel:

Ein LKW-Fahrer der Möbel AG soll Büroschränke an ein Möbelhaus liefern. Die Fahrt verursacht Kosten in Höhe von 180,- EUR. Der LKW-Fahrer hat sich verfahren und einen riesigen Umweg gemacht. Die Kosten dieses Umweges belaufen sich auf 60,-EUR. Demnach teilen sich die Kosten der Fahrt in 120,- EUR Nutzkosten und 60,- Leerkosten auf.

Mischkosten

Bei Mischkosten handelt es sich um einen Kostenblock, der noch nicht in variable und fixe Kosten differenziert worden ist.

Zielkosten

Bei den Zielkosten handelt es sich um eine durch das Marketing vorgegebene Größe, die aussagt, was ein Produkt höchstens kosten darf, damit es am Markt noch abgesetzt werden kann.

Istkosten

Grundlage für die Ist-Kosten ist der effektive Verbrauch *(Ist-Menge)* an Kostengütern, bewertet zu den tatsächlich gezahlten Preisen *(Ist-Preisen)*.

Normalkosten

Normalkosten sind Durchschnittswerte, die sich aus den Kosten der vergangenen Perioden berechnen.

Plankosten

Dies sind die Kosten, die für eine Abrechnungsperiode im Voraus geplant werden.

Vollkosten

Vollkosten sind die gesamten Kosten, ohne eine Aufteilung in fixe und variable Kostenbestandteile.

Teilkosten

Teilkosten sind identisch mit den variablen Kosten.

Einzelkosten

Einzelkosten können einem Kostenträger (z.B. einem Produkt) direkt zugerechnet werden (entsprechend dem Verursachungsprinzip).

Gemeinkosten

Gemeinkosten können keinem Kostenträger direkt zugerechnet werden.

Echte Gemeinkosten

Bei echten Gemeinkosten ist das **Verursachungsprinzip** nicht anwendbar, da eine korrekte Zuordnung zu einem Kostenträger unmöglich ist.

Unechte Gemeinkosten

Bei unechten Gemeinkosten wäre das Verursachungsprinzip prinzipiell anwendbar, jedoch ist eine direkte Zuordnung unpraktisch und unwirtschaftlich.

Primäre Kosten

Primäre Kosten sind die Kosten der Güter und Dienstleistungen, die vom Unternehmen direkt von den Beschaffungsmärkten bezogen werden.

Sekundäre Kosten

Sekundäre Kosten entstehen bei der Eigenerstellung von Gütern und Dienstleistungen des Unternehmens, die nur für den internen Gebrauch bestimmt sind.

1.5 Gestaltungsformen der Kosten- und Leistungsrechnung

1.5.1 Art und Ausmaß der Kostenverrechnung

1.5.1.1 Vollkostenrechnung

In der Vollkostenrechnung werden alle Kosten auf die Kostenstellen und die Kostenträger verteilt. Ziel der Vollkostenrechnung ist die Ermittlung der Selbstkosten, auf deren Basis die Preiskalkulation durchgeführt werden kann. Das Unternehmen möchte damit erreichen, dass alle Kosten, die im Produktionsverlauf anfallen, gedeckt werden. Problematisch ist die Vollkostenrechnung jedoch aufgrund der direkten Verteilung der fixen Kosten auf die Kostenträger.

Durch die Anwendung der Vollkostenrechnung zur Bestimmung der Selbstkosten eines Produktes kann das Unternehmen bei sinkenden Absatzzahlen den negativen Trend noch beschleunigen, da die Verteilung der Fixkosten auf immer weniger Kostenträger zu einer Erhöhung der Stückkosten und somit zu einer Preiserhöhung führt, was sich negativ auf die Absatzzahlen des Produktes auswirken würde.

1.5.1.2 Teilkostenrechnung

Die Teilkostenrechnung versucht die im obigen Beispiel gezeigte Problematik zu lösen. Hier werden nur die von der Ausbringungsmenge abhängigen Kosten auf die Kostenträger verteilt. Die fixen Kosten werden in einem Block unter Umgehung der Kostenträgerrechnung unmittelbar in die Erfolgsrechnung überführt.

Die Teilkostenrechnung versucht bei der Zurechnung der Kosten das *Verursachungsprinzip* einzuhalten, indem nur diejenigen Kosten den Kostenträgern zugerechnet werden, die in direkter Relation zu der jeweiligen Ausbringungsmenge stehen. Fixe Kosten werden meist durch die Produktion eines Kostenträgers verursacht (z.B. Miete für die Fertigungshalle etc.). Jedoch ist für die Fixkosten nicht die Höhe der Ausbringungsmenge des Produktes entscheidend, sondern die Produktionsentscheidung für dieses Produkt maßgeblich.

Ein wichtiger Begriff der Teilkostenrechnung ist der *Deckungsbeitrag*. Der Deckungsbeitrag ergibt sich aus dem Produktpreis abzüglich der variablen Kosten. Wie der Begriff schon sagt, hilft der Deckungsbeitrag Anteile des Fixkostenblocks zu decken.

Da bei der Gestaltung eines Systems der KLR sowohl eine Entscheidung über Art und Ausmaß der Kostenverrechnung als auch über den Zeitbezug der verwendeten Kostengrößen getroffen werden muss, sind insgesamt sechs Kombinationen denkbar:

	Iskosten-rechnung	Normalkosten-rechnung	Plankosten-rechnung
Vollkosten-rechnung	Ist-Vollkosten-rechnung	Normal-Vollkosten-rechnung	Plan-Vollkosten-rechnung
Teilkosten-rechnung	Ist-Teilkosten-rechnung	Normal-Teilkosten-rechnung	Grenzplan-Kosten-rechnung

Zusätzlich zu diesen sechs Gestaltungsmöglichkeiten der Kostenrechnung sind davon noch Mischformen möglich und in der Praxis sogar die Regel. So werden z.B. die Kosten der eingesetzten Roh- und Betriebsstoffe oft mit den Ist-Preisen, aber zu durchschnittlichen Verbrauchsmengen, anstatt den Ist-Mengen, ermittelt.

Die Ist-Vollkostenrechnung stellt die traditionelle Form der Kostenrechnung dar. Im Mittelpunkt steht die Nachkalkulation, bei der man alle in einer Abrechnungsperiode (z.B. ein Monat oder ein Quartal) angefallenen Kosten auf die Erzeugnisse verrechnet.

Prüfungstraining: Ist-, Normal-, Plankostenrechnung im Vergleich

Bei der Maschinen AG werden in einer Sitzung der Controllingabteilung die verschiedenen Ausgestaltungen von KLR-Systemen diskutiert. Die AG arbeitet gegenwärtig mit einer Ist-Kostenrechnung auf Vollkostenbasis. Es wird überlegt, ob die Normal- und Plankostenrechnung mögliche Alternativen wären.

Stellen Sie die genannten KLR-Systeme kurz dar und gehen Sie dabei auf Vor- und Nachteile dieser Systeme ein!

Lösung:

Istkostenrechnung:

Bei der Istkostenrechnung werden nur die tatsächlich angefallenen Kosten der vergangenen Periode berücksichtigt, d.h. Grundlage für die Werte ist der effektive Verbrauch, die Ist-Menge, an Kostengütern, bewertet zu den tatsächlich gezahlten Preisen, den Ist-Preisen (Ist-Kosten). Die Rechnungsperioden sind in der KLR kürzer als ein Jahr, meistens dauern sie eine Woche, einen Monat oder ein Quartal.

Dieses Kostenrechungsverfahren ist sehr problematisch und für eine Kostenkontrolle ungeeignet, da sich Preisschwankungen auf dem Beschaffungsmarkt voll auf die Absatzpreise niederschlagen, Beschäftigungsschwankungen nicht berücksichtigt und Verbrauchsschwankungen nicht eliminiert werden.

Normalkostenrechnung:

Bei diesem System werden die Kosten nicht auf Istkostenbasis, sondern zu Kostenwerten, die auf den durchschnittlichen Ist-Kosten der Vergangenheit beruhen, auf die Kostenstellen und Kostenträger weiterverrechnet.

Die Normalkostenrechnung beruht auf Kostenwerten, die sich aus den Durchschnittswerten der vergangenen Perioden berechnen. Dies hat den Vorteil, dass die Kosten über die Perioden vergleichbarer werden. Zudem wird das Unternehmen gezwungen, Abweichungen der Istwerte von den Durchschnittswerten (Normalkosten) zu analysieren.

Plankostenrechnung:

In der Plankostenrechnung werden die Einzel- und Gemeinkosten je Kostenart und Kostenstelle mittels Arbeits- und Verbrauchsstudien und aufgrund von Erfahrungen vorausgeplant. Die Planung verläuft idealerweise so, dass bei ordnungsmäßigem Betriebsablauf diese Plankosten Norm- und Vorgabecharakter haben.

Während die Istkostenrechnung und die Normalkostenrechnung vergangenheitsbezogen sind, ist die Plankostenrechnung zukunftsgerichtet. Damit können bestimmte Kostenentwicklungen vorweggenommen und böse Überraschungen bei der Nachkalkulation vermieden werden.

Plankosten sind Einzel- und Gemeinkosten, die sich bezüglich der Preise und Mengen im Wesentlichen auf die Zukunft – in der Regel die kommende Rechnungsperiode – beziehen.

Vorteil ist, dass die geplanten Kosten (Planpreis * Planmenge) mit den tatsächlich angefallenen Kosten (Istpreis * Istmenge) verglichen werden können. Durch eine genaue Analyse können Preis- und Mengenabweichungen festgestellt werden.

Kontrollfragen Lerneinheit 1

Grundlagen

1. Welche Ziele verfolgt die Kosten- und Leistungsrechnung in einer Unternehmung?
2. Welche Aufgaben übernimmt die Kostenartenrechnung in der KLR?
3. Welche Aufgaben übernimmt die Kostenstellenrechnung in der KLR?
4. Welche Aufgaben übernimmt die Kostenträgerrechnung in der KLR?
5. Nennen Sie typische Einsatzgebiete der KLR!
6. Warum ist das Verursachungsprinzip für die KLR von großer Bedeutung?
7. Warum ist die Umsetzung des Verursachungsprinzips in der Praxis problematisch?
8. Definieren Sie die Begriffe Auszahlung und Aufwand!
9. Um welche Begriffskategorie handelt es sich bei einer Spende eines Unternehmens an das Rote Kreuz?
10. Definieren Sie die Begriffe „Kosten" und „Leistung" in der Kostenrechnung!
11. Entscheiden Sie bitte bei den folgenden Geschäftsfällen des Möbelherstellers Möbel AG, ob es sich um Auszahlungen, Ausgaben, Aufwand oder Kosten handelt! (Bedenken Sie, dass sich die Begriffe in ihren Bedeutungen überschneiden!)
    a) Das Unternehmen bezahlt eine Warenlieferung in bar.
    b) Holz mit dem Anschaffungswert von 10.000,- EUR wird in der Produktion verarbeitet.
    c) Ein Lieferant liefert Türscharniere im Wert von 5.000,- EUR auf Ziel.
    d) Ein Werkbrand richtet einen Schaden von 8.000,- EUR an, der durch keine Versicherung gedeckt ist.
12. Grenzen Sie die Begriffe Grundkosten, Anderskosten und Zusatzkosten voneinander ab.
13. Nach welchen Kriterien lassen sich die verschiedenen Gestaltungsmöglichkeiten der Kostenrechungssysteme charakterisieren?
14. Wie berechnen sich die Istkosten?
15. Was ist das Problem der Istkostenrechnung?
16. Erklären Sie das Wesen der Normalkostenrechnung!
17. Welche Vor- und Nachteile bietet die Normalkostenrechnung gegenüber der Istkostenrechnung?
18. Was ist der grundsätzliche Unterschied der Plankostenrechnung gegenüber der Ist- und Normalkostenrechnung?
19. Zwischen welchen Arten von Kostenrechnungssystemen wird bei der Einteilung nach der Kostenverrechnung unterschieden?

Prüfungstraining Lerneinheit 1

Grundlagen

Aufgabe 1)

Entscheiden Sie bitte bei den folgenden Geschäftsvorfällen des Möbelherstellers Möbel AG, ob es sich um Einzahlungen, Einnahmen, Ertrag oder Leistungen handelt!

(Bedenken Sie, dass sich die Begriffe in der Bedeutung überschneiden!)

a) Ein Kunde bezahlt für eine Einzelfertigung einer extravaganten Eckgarnitur 300,- EUR als Anzahlung.

b) Die Möbel AG liefert 10 Wandschränke an einen Möbelgroßhändler auf Ziel.

c) Eine veraltete Sägemaschine wird an einen Mitarbeiter zum Restbuchwert von 100,- EUR verkauft, die dieser bar bezahlt.

d) Ein Kunde kauft direkt ab Werk einen Kleiderschrank für 200,- EUR und bezahlt in bar.

Aufgabe 2)

Die Metall GmbH, ein Zulieferer der Maschinenbaubranche, möchte von der bisherigen Vollkostenrechnung auf die Teilkostenrechnung wechseln. Bei der Produktion von 1.000 Stück Metallteilen fallen im Mai folgende Gemeinkosten an:

Materialgemeinkosten: 63.000,- EUR,

Fertigungsgemeinkosten: 159.000,- EUR.

Im Juni werden 850 Stück produziert. Es fallen folgende Gemeinkosten an:

Materialgemeinkosten: 60.000,- EUR,

Fertigungsgemeinkosten: 144.000,- EUR.

Ermitteln Sie mathematisch die jeweilige Kostenfunktion für die Material- und die Fertigungsgemeinkosten sowie die Kostenfunktion der Gemeinkosten insgesamt!

Antworten zu den Kontrollfragen Lerneinheit 1

1. Ziel der Kostenrechnung ist es, den bei der Leistungserstellung auftretenden Güterverzehr wertmäßig zu erfassen. Ziel der Leistungsrechnung ist es, die aus dem Güterverzehr resultierende Güterentstehung abzubilden. Durch die Gegenüberstellung von Kosten und Leistungen kann die Effizienz (Wirtschaftlichkeit) des Unternehmens beurteilt werden.
2. Die Kostenartenrechnung erfasst alle Kosten, die bei der Leistungserstellung in einem Unternehmen anfallen. Inhalt der Kostenartenrechnung ist die Aufteilung der Gesamtkosten in einzelne Kostenarten, was die Zuteilung dieser Kosten auf Kostenstellen und Kostenträger ermöglicht. (Welche Kosten sind bei der Leistungserstellung entstanden? – Materialkosten, Personalkosten etc.)
3. Die Kostenstellenrechnung versucht möglichst verursachungsgerecht die Gemeinkosten, die in der Kostenartenrechnung festgestellt wurden, den Bereichen zuzuordnen, in denen sie entstanden sind. Diese Zuordnung ermöglicht eine Verteilung der Gemeinkosten auf die Kostenträger.
4. Nachdem die Kosten nach Kostenarten erfasst wurden und durch die Kostenstellenrechnung ihren Entstehungsorten zugewiesen sind, können die Kosten je Kostenträger errechnet werden. Die Summe aller Kosten in der Kostenartenrechnung muss mit der Summe in der Kostenträgerrechnung übereinstimmen! Diese Übereinstimmung muss gegeben sein, da es sich prinzipiell um die „gleichen" Kosten handelt, welche auf die Kostenträger umgerechnet werden.
5. Typische Einsatzgebiete der KLR sind die Ermittlung von Preisuntergrenzen oder Preisobergrenzen, Stückselbstkosten, Produktprogrammentscheidungen, Kostenkontrolle etc.
6. Das Verursachungsprinzip besagt, dass jenen Kostenträgern die Kosten zugerechnet werden sollen, die für ihre Entstehung verantwortlich sind.
7. Problem des Verursachungsprinzips in der Praxis ist, dass viele Kosten nicht eindeutig einem einzelnen Kostenträger zugeordnet werden können. Für solche Kosten müssen Zuordnungskompromisse gefunden werden, die bei zu großer Ungenauigkeit zu Fehlkalkulationen führen können.
8. Auszahlungen liegen dann vor, wenn aus dem Unternehmen Geld abfließt. Es kommt also zu einer Verminderung des Bar- oder Buchgeldbestandes. Der Begriff Aufwand hat in erster Linie Bedeutung für die (externe) Gewinn- und Verlustrechnung. Er liegt immer dann vor, wenn das betriebliche Vermögen in irgendeiner Weise gemindert wird. Er ist der Wertverzehr oder Wertverbrauch einer bestimmten Abrechnungsperiode, der in der Finanz- und Geschäftsbuchhaltung erfasst und am Jahresende in der Gewinn- und Verlustrechnung ausgewiesen wird.
9. Eine Spende an das Rote Kreuz verursacht Ausgaben, ist eine Auszahlung und stellt Aufwand dar. Da eine Spende nicht im Zusammenhang mit der Betriebsleistung steht, handelt es sich in diesem Fall nicht um Kosten.
10. Kosten sind der bewertete, sachzielbezogene Güterverbrauch. Bei einer betrieblichen Leistung handelt es sich um eine bewertete sachzielbezogene Güterentstehung. Zum Teil kann sie mit einem Ertrag aus der Gewinn- und Verlustrechnung übereinstimmen, sofern dieser das Ergebnis der betrieblichen Leistungserstellung ist.

11. a) Bei der Barbezahlung einer Warenlieferung handelt es sich um eine Auszahlung, da dem Unternehmen liquide Mittel abfließen.
    b) Die Verarbeitung des Holzes stellt Aufwand (Zweckaufwand = Grundkosten) dar, da es sich um einen mit den Ausgaben bewerteten Güterverzehr handelt.
    c) Die Lieferung stellt eine Ausgabe, aber keine Auszahlung für das Unternehmen dar, da sich die Verbindlichkeiten des Unternehmens erhöhen, jedoch noch keine liquiden Mittel abfließen.
    d) Der Brand bedeutet für das Unternehmen einen außerordentlichen Aufwand, da das Vermögen des Unternehmens um 8.000,- EUR gemindert wird.
12. Grundkosten entsprechen dem Zweckaufwand.

    Anderskosten stehen Aufwendungen in anderer Höhe gegenüber (zumeist aus handels- und steuerrechtlichen Gründen, z.B. bilanzielle vs. kalkulatorische Abschreibung).

    Zusatzkosten stehen keine Aufwendungen gegenüber (z.B. kalk. Unternehmerlohn).
13. Kostenrechungssysteme lassen sich nach dem Zeitbezug oder dem Ausmaß der Kostenverrechnung charakterisieren. Nach dem Zeitbezug können die Ist-, Normal- oder Plankostenrechnung unterschieden werden, je nachdem, ob die tatsächlich angefallenen Kosten, die durchschnittlichen Kosten vergangener Perioden oder geplante bzw. prognostizierte Kosten verrechnet werden. Nach dem Ausmaß der verrechneten Kosten ist zwischen der Vollkostenrechnung und der Teilkostenrechnung zu unterscheiden, je nachdem, ob alle oder nur ein Teil der Kosten den Kostenträgern zugerechnet werden.
14. Grundlage der Istkostenrechnung sind die Werte der effektiven Verbrauchsmenge an Produktionsfaktoren bewertet zu ihren Ist-Preisen. Errechnet werden die Istkosten durch: Istmenge * Istpreis.
15. Hauptproblem der Istkostenrechnung ist, dass die Ist-Verbrauchsmengen meist von dem Ausmaß der Beschäftigung (der Auftragslage des Unternehmens) und die Ist-Preise von den Schwankungen auf den Beschaffungsmärkten (Rohstoffmärkte, allg. Steigerung des Lohnniveaus) abhängen. Dadurch ist kein Kostenvergleich zwischen den einzelnen Perioden möglich und eine effektive Kostenkontrolle nicht durchführbar.
16. In der Normalkostenrechnung werden Durchschnittswerte, welche auf Ist-Kostenwerten der Vergangenheit beruhen, auf die Kostenstellen und Kostenträger weiterverrechnet. Eine vergleichende Nachkalkulation der tatsächlich angefallenen Ist-Kosten zeigt wie genau die angenommenen Normwerte zutreffen.
17. Die Normalkostenrechnung ermöglicht eine Form der Kostenkontrolle. Zudem bieten die normierten Kosten eine konstante Kalkulationsgrundlage für die Produkte des Unternehmens. Jedoch muss in der Normalkostenrechnung ständig überprüft werden, ob die aus Durchschnittswerten gebildeten Normwerte für die Kosten noch zutreffend sind. Nachteil könnte z.B. sein, dass Kosten für bestimmte Produktionsfaktoren in der Vergangenheit sehr hoch waren und so in den Normalkosten „verewigt" sind.
18. Grundsätzlicher Unterschied der Plankostenrechnung gegenüber der Ist- bzw. Normalkostenrechnung ist, dass sich die Kostenrechnung auf die Zukunft bezieht. Der große Vorteil dieses Verfahrens besteht darin, dass zu erwartende Preissteigerungen etc. auf den Beschaffungsmärkten schon zu Beginn der Produktion und Kalkulation miteinbezogen werden. Ein späterer Vergleich der Plankosten mit den tatsächlich angefallenen Ist-Kosten gibt Aufschluss, wie genau die Prognose war und ob evtl. Abweichungen im Ist-Verbrauch gegenüber dem Plan-Verbrauch festzustellen sind.

19. Nach der Art der Kostenverrechnung kann grundsätzlich zwischen der Vollkostenrechnung und der Teilkostenrechnung unterschieden werden. Während die Vollkostenrechnung sämtliche Kosten den Kostenträgern zurechnet, versucht die Teilkostenrechnung nur die Kosten zuzuordnen, die in direktem Zusammenhang mit dem Leistungserstellungsprozess stehen. Die fixen Kosten werden in einem Block unter Umgehung der Kostenträgerrechnung unmittelbar in die Erfolgsrechnung überführt.

Lösungen zum Prüfungstraining Lerneinheit 1

Lösung – Aufgabe 1)

a) Die Anzahlung des Kunden in Höhe von 300,- EUR ist eine Einzahlung, jedoch keine Einnahme für das Unternehmen. Anzahlungen werden in der Buchhaltung als Verbindlichkeiten des Unternehmens gegenüber dem Kunden betrachtet.

b) Eine Lieferung auf Ziel stellt eine Einnahme für das Unternehmen dar, da die Forderungen des Unternehmens zunehmen. Sie ist allerdings keine Einzahlung, da noch keine liquiden Mittel zugeflossen sind.

c) Der Verkauf der Sägemaschine zum Restbuchwert und die Bezahlung in bar stellen eine Einnahme und eine Einzahlung dar. Der Geschäftsvorfall führt jedoch zu keinem Ertrag, da die Maschine zum Restbuchwert verkauft wurde und es sich somit lediglich um einen Aktivtausch handelt.

d) Bei diesem Geschäftsvorfall handelt es sich um eine Einzahlung (Bezahlung in bar), eine Einnahme (Wert des veräußerten Gutes) und einen Ertrag (Umsatzerlös).

Lösung - Aufgabe 2)

Soll eine Kostenfunktion mathematisch ermittelt werden, so kommt immer das Differenz-Quotientenverfahren ins Spiel. Dabei wird zunächst der variable Kostensatz ermittelt:

$$\text{variable Stückkosten } (k_{var}) = \frac{(63.000,\text{- EUR} - 60.000,\text{- EUR})}{(1.000 \text{ St.} - 850 \text{ St.})}$$

$$= \frac{3.000,\text{- EUR}}{150 \text{ St.}}$$

$$= 20,\text{- EUR/St.}$$

Die variablen Stückgemeinkosten betragen 20,- EUR/St.

Mithilfe dieses Wertes kann nun der Fixkostenanteil (K_{Fix}) an den Gemeinkosten berechnet werden. Die Werte des Monats Mai werden dabei in die allgemeine Kostenfunktion eingesetzt.

$$K_{ges} = K_{Fix} + k_{var} * x$$

$$63.000,\text{- EUR} = 20,\text{- EUR/St.} * 1.000 \text{ St.} + K_{Fix}$$

$$K_{Fix} = 43.000,\text{- EUR}$$

Die Kostenfunktion der Materialgemeinkosten lautet damit:

$$K_{ges} = 43.000,\text{- EUR} + 20,\text{- EUR/St.} * x$$

Analog dazu die Kosten der Fertigungsgemeinkosten:

$$\text{variable Stückkosten } (k_{var}) = \frac{(159.000,\text{- EUR} - 144.000,\text{- EUR})}{(1.000 \text{ St.} - 850 \text{ St.})}$$

$$= \frac{15.000,\text{- EUR}}{150 \text{ St.}}$$

$$= 100,\text{- EUR/St.}$$

$$K_{ges} = K_{Fix} + k_{var} * x$$

$$159.000,\text{- EUR} = 100,\text{- EUR/St.} * 1.000 \text{ St.} + K_{Fix}$$

$$K_{Fix} = 59.000,\text{- EUR}$$

Die Kostenfunktion der Fertigungsgemeinkosten lautet damit:

$$K_{ges} = 59.000,\text{- EUR} + 100,\text{- EUR/St.} * x$$

Die Kostenfunktion insgesamt lautet dann:

$$K_{ges} = 43.000,\text{- EUR} + 20,\text{- EUR/St.} * x$$

$$+ \quad K_{ges} = 59.000,\text{- EUR} + 100,\text{- EUR/St.} * x$$

$$= \quad \mathbf{K_{ges} = 102.000,\text{- EUR} + 120,\text{- EUR/St.} * x}$$

Lerneinheit 2

Kostenartenrechnung

In dieser Lerneinheit sollen Sie folgende Lernziele erreichen:

- Kenntnis von Kriterien zur Gliederung der Kosten erlangen,
- Vertrautheit im Umgang mit Kostenarten und deren Abgrenzungsproblemen erlangen,
- kalkulatorische Kosten berechnen können,
- Abgrenzungsrechnungen durchführen können.

2.1. Ziele und Aufgaben

Die Kostenartenrechnung stellt fest, welche Kosten in einer Abrechnungsperiode angefallen sind. Sie liefert somit die Basisinformationen für die Kostenstellen- und Kostenträgerrechung. Aus diesem Grund erfolgt eine Einteilung der Kosten nach dem Verursachungsprinzip:

Kosten für:	Kostenart:
Rohstoffe, Hilfsstoffe, Betriebsstoffe, Vorprodukte, Verpackung, Büromaterial etc.	Materialkosten
Fertigungslöhne, Aushilfslöhne, Gehälter, Lohnnebenkosten, Kosten der Fort- und Weiterbildung	Personalkosten
Betriebsmittel: Abschreibungen, Zinsen, Miete	kalkulatorische Kosten: kalkulatorische Abschreibungen, Zinsen und Miete
unternehmerisches Risiko	Kalkulatorischer Unternehmerlohn kalkulatorisches Wagnis

Ein Großteil der Kosten lässt sich direkt aus vorgelagerten Teilbereichen des betrieblichen Rechnungswesens übernehmen (z.B. Finanz-, Material-, Lohn- und Gehaltsbuchhaltung). Es handelt sich dabei größtenteils um *aufwandsgleiche Kosten (Grundkosten)*, die unverändert in die Kostenartenrechnung übernommen werden können. Es sind dabei allerdings eventuelle zeitliche Abgrenzungen zu beachten, die bei Bedarf gemacht werden müssen. Hinzu kommen noch *kalkulatorische Kosten*, denen in der Finanzbuchhaltung kein Aufwand *(Zusatzkosten)* oder Aufwand in anderer Höhe *(Anderskosten)* gegenübersteht.

2.2. Materialkosten

2.2.1 Feststellung der Verbrauchsmenge

Bei den Material- und Stoffkosten erfolgt in der Regel eine getrennte Mengen- und Preiserfassung, um Verbrauchsschwankungen in der Produktion und Preisschwankungen auf den Beschaffungsmärkten auseinander halten zu können.

Für die Erfassung des mengenmäßigen Materialverbrauchs stehen vier Methoden zur Verfügung:

1. Zugangsmethode,
2. Inventurmethode,
3. Rückrechnungsmethode,
4. Fortschreibungsmethode.

1. Zugangsmethode

Bei der Zugangsmethode wird auf eine explizite Bestandsführung verzichtet. Stattdessen werden die während einer Abrechnungsperiode angelieferten Mengen als Verbrauchsmengen aufgefasst.

Zugangsmethode: Verbrauch = Zugang in der Periode

Kritisch ist bei dieser Methode, dass Lagerverluste unkenntlich sind und eine Zuordnung zu Kostenstellen oder Kostenträgern nicht stattfindet.

2. Inventurmethode

Die Inventurmethode setzt eine körperliche Bestandsaufnahme (*Inventur*) voraus. Am Ende einer Abrechnungsperiode wird der tatsächlich vorhandene Lagerbestand festgestellt. Der Materialverbrauch ergibt sich aus folgender Berechnung:

	Anfangsbestand (lt. Vorjahresinventur)
+	Zugänge der Periode
–	Lagerendbestand (lt. Inventur)
	Materialverbrauch der Periode

Beispiel:

Die Möbel AG hat im Geschäftsjahr 08 40m³ Buchenholz auf Lager. Während des Geschäftsjahres werden 180m³ Buchenholz geliefert. Die Inventur am Jahresende ergibt einen Endbestand von 60m³. Der Materialverbrauch der Periode beträgt somit 160m³.

Die Nachteile der Inventurmethode sind, dass keine Zuordnung zu Kostenstellen oder Kostenträgern stattfindet und Lagerverluste (Diebstahl, Verderb etc.) in den Verbrauch eingehen und somit unkenntlich sind.

3. Rückrechnungsmethode

Die Rückrechnungsmethode, die auch als retrograde Methode bezeichnet wird, setzt voraus, dass die jeweils in ein Erzeugnis eingehenden Materialmengen bekannt und diese Informationen in Stücklisten oder Rezepturen hinterlegt sind. Anhand dieser stückbezogenen Standardverbrauchsmengen können durch Multiplikation mit den hergestellten Erzeugnismengen die Materialverbrauchsmengen bestimmt werden. Bei Bedarf kann auf die Normalverbrauchsmenge noch ein prozentualer Aufschlag für Abfall oder Ausschuss verrechnet werden.

Beispiel:

Die Pumpen AG baut Wasserpumpen. In jede Pumpe werden 3 Gummischläuche eingebaut. In der zu betrachtenden Periode hat die Firma 6.200 Wasserpumpen produziert. Der Verbrauch an Gummischläuchen beträgt demnach 3 * 6.200 St. = 18.600 St.

Diese Methode ist sehr einfach durchzuführen. Der Nachteil ist, dass man eine „Soll-Größe" und keine „Ist-Größe" erhält. Von Vorteil ist, dass hier ein direkter Bezug zu den Kostenträgern (den Produkten) vorliegt, was die genaue Kalkulation vereinfacht.

4. Fortschreibungsmethode

Die Fortschreibungsmethode ist das genaueste Verfahren zur Erfassung der Materialverbrauchsmengen. Jeder Materialabgang aus dem Lager wird dabei auf einem *Materialentnahmeschein* vermerkt. Die Materialverbrauchsmenge einer Abrechnungsperiode ergibt sich als die Summe der auf den Materialentnahmescheinen der Periode verzeichneten Lagerabgänge. Mithilfe der Inventur ist der Lagerverlust deutlich erkennbar. Von Nachteil ist dabei aber der hohe Verwaltungsaufwand. Vorteilhaft ist dagegen jedoch die Zuordnungsmöglichkeit auf Kostenstellen und Kostenträger.

2.2.2 Bewertung der Verbrauchsmenge

Die Beschaffungspreise unterliegen in der Regel über eine längere Periode bestimmten Schwankungen. Aus diesem Grund ist es schwierig, der verbrauchten Menge die tatsächlichen Beschaffungspreise zu zuordnen. Um diese Problematik zu lösen, sind folgende vereinfachte Wertansätze denkbar:

1.) Ansatz zu Anschaffungspreisen:
   - o Einzelbewertung,
   - o Sammelbewertung (Fifo-, Lifo-Verfahren),

2.) Ansatz zu Wiederbeschaffungspreisen,

3.) Ansatz zu festen Verrechnungspreisen.

1.) Ansatz zu Anschaffungspreisen

Erfolgt eine Bewertung zu Anschaffungspreisen, so ist zu unterscheiden, ob es sich um eine *Einzelbewertung* oder um eine *Sammelbewertung* handelt. Eine Einzelbewertung mit den effektiv gezahlten Anschaffungspreisen ist vor allem in Unternehmen mit Auftragsfertigung möglich. Bei Materialarten, die in verschiedene Erzeugnisse und Produktvarianten eingehen und deshalb ständig in größeren Mengen zur Verfügung stehen müssen, kommt die Einzelbewertung zu den tatsächlichen Anschaffungspreisen nicht in Betracht. Hier kommt nur eine Sammelbewertung in Frage, die sich der Durchschnittspreise bedient. Dabei gibt es unterschiedliche Ansätze wie der Materialverbrauch ermittelt werden kann. Die gängigsten Verfahren sind das Fifo- (first-in/first-out) und das Lifo (last-in/first-out)-Verfahren.

Lifo–Methode (§ 256 HGB)

Bei diesem Sammelbewertungsverfahren wird unterstellt, dass die zuletzt angeschafften Gegenstände zuerst verbraucht werden (last-in/first-out).

Beispiel:

Bewertung des Endbestandes:

Anfangsbestand	500 Einheiten zu 4,- EUR
+ Zugang	300 Einheiten zu 3,50 EUR
+ Zugang	300 Einheiten zu 4,60 EUR
+ Zugang	500 Einheiten zu 5,- EUR

Am Bilanzstichtag sind noch 600 Einheiten auf Lager. Da die zuletzt gelieferten Materialen zuerst verbraucht wurden, werden bei einem Endbestand von 600 Einheiten, der Preis des Anfangsbestands sowie der Preis der ersten Lieferung der Periode herangezogen:

Bewertung:

500 Einheiten zu 4,- EUR	= 2.000,- EUR
100 Einheiten zu 3,50 EUR	= 350,- EUR
600 Einheiten	**= 2.350,- EUR**

Das Verfahren ist analog auch für das Fertigwarenlager anwendbar.

Fifo-Methode (§ 256 HGB)

Hier wird unterstellt, dass die zuerst angeschafften Wirtschaftsgüter auch zuerst verbraucht werden (first-in/first-out), somit verbleiben die Güter im Lager, die zuletzt angeschafft wurden. Die Anschaffungspreise der zuletzt angeschafften Güter liegen dann der Bewertung zugrunde.

Beispiel (analog dem Lifo-Beispiel):

Bewertung des Endbestandes:

Anfangsbestand	500 Einheiten zu 4,- EUR
+ Zugang	300 Einheiten zu 3,50 EUR
+ Zugang	300 Einheiten zu 4,60 EUR
+ Zugang	500 Einheiten zu 5,- EUR

Am Bilanzstichtag sind noch 600 Einheiten auf Lager. Da die zuerst gelieferten Materialen zu erst verbraucht wurden, werden bei einem Endbestand von 600 Einheiten, der Preis der letzten sowie der Preis der vorletzten Lieferung herangezogen:

Bewertung:

500 Einheiten zu 5,- EUR	= 2.500,- EUR
100 Einheiten zu 4,60 EUR	= 460,- EUR
600 Einheiten	**= 2.960,- EUR**

2.) Ansatz zu Wiederbeschaffungspreisen

Die Bewertung zu Wiederbeschaffungspreisen erfolgt mit der Zielsetzung, dass in die Kalkulation die Werte eingehen sollen, die benötigt werden, um nach dem Absatz der Produkte die Produktionsfaktoren wiederbeschaffen zu können. Dies dient dem *Ziel der Substanzerhaltung* des Unternehmens. Der Wiederbeschaffungspreis ist dabei der Geldbetrag, den man für die erneute Beschaffung der verbrauchten Güter zu einem zukünftigen Zeitpunkt wird aufwenden müssen.

3.) Bewertung zu festen Verrechnungspreisen

Eine Bewertung zu festen Verrechnungspreisen erfolgt vor allem in Unternehmen, deren Kostenrechnung als Plankostenrechnungssystem ausgestaltet ist. Die größten Vorteile einer solchen Bewertung liegen im Wegfall der teilweise recht aufwendigen Bestimmung von Durchschnittspreisen und in der Möglichkeit einer effektiven Kontrolle des mengenmäßigen Verbrauchs.

2.3 Kalkulatorische Kosten

Kalkulatorische Kosten stehen in der Finanzbuchhaltung kein entsprechender Aufwand (Zusatzkosten) oder ein an anderer Aufwand (Anderskosten) gegenüber.

Kalkulatorische Kosten	
Anderskosten	**Zusatzkosten**
kalkulatorische Abschreibung	kalkulatorische Miete
kalkulatorischer Zins	kalkulatorischer Unternehmerlohn
kalkulatorisches Wagnis	

2.3.1 Kalkulatorische Abschreibungen

Die kalkulatorischen Abschreibungen in der Kostenrechnung unterscheiden sich von den bilanziellen Abschreibungen der Finanzbuchhaltung. Bilanzielle Abschreibungen richten sich nach den gesetzlichen Vorschriften (HGB, EStG). Die Ausnutzung der gesetzlichen Spielräume im Jahresabschluss erfolgt nach unternehmenspolitischen Gesichtspunkten und spiegelt nicht den tatsächlichen Werteverzehr der Anlagegüter wider.

Kalkulatorische Abschreibungen haben den Zweck den „tatsächlichen" Werteverzehr abzubilden. Es handelt sich dabei um Anderskosten, da die bilanziellen Abschreibungen Aufwand sind, jedoch in anderer Höhe als die kalkulatorischen Abschreibungen.

Als Abschreibungsursachen kommen in Betracht:

- Anlagenverschleiß,
- technischer Fortschritt,
- wirtschaftliche Überholung oder Fristablauf von Nutzungsrechten (z.B. Lizenzen, Patente).

Die Höhe der Periodenabschreibung einer Anlage wird von der Abschreibungssumme, dem Abschreibungszeitraum und dem Abschreibungsverfahren bestimmt.

Bei der Festlegung des Abschreibungszeitraums legt man in der Kostenrechnung in der Regel die wirtschaftliche (und nicht etwa die technische) Nutzungsdauer zugrunde. Die Wahl des Abschreibungsverfahrens hängt von den Ursachen des angenommenen Werteverzehrs ab. Grundsätzlich können dabei zwei Verfahren unterschieden werden:

1. **zeitablaufbedingter Verzehr:** Dieses Verfahren wird angewendet, wenn von einem gleichmäßigen, durch die Nutzungsdauer bedingten Verschleiß, ausgegangen wird.

2. **einsatzbedingter Verzehr:** Dieses Verfahren bringt die Leistung der Anlage (Maschine, Fahrzeug etc.) direkt mit dem Werteverzehr in Verbindung, es entspricht somit dem Verursachungsprinzip.

Prüfungstraining: Kalkulatorische Abschreibungen

Die Möbel AG schafft sich einen neuen Firmen-Lkw für die Auslieferung der Fertigwaren an. Die Anschaffungskosten betragen 80.000,- EUR. Es wird geplant, dass der Lkw eine maximale Leistung von 300.000 km bringt. Im ersten Jahr fährt der Lkw 50.000 km. Sein Wiederbeschaffungswert beträgt 100.000,- EUR. Der Restwert am Ende der Nutzungsdauer beträgt 0,- EUR.

Wie hoch ist die kalkulatorische Abschreibung für das 1. Nutzungsjahr des Lkws?

Lösung:

Bei der kalkulatorischen Abschreibung wird anders als bei der bilanziellen Abschreibung der Wiederbeschaffungswert zugrunde gelegt:

$$\text{kalk. Abschreibung} = \frac{\text{Wiederbeschaffungskosten} * \text{Jahresleistung}}{\text{Gesamtleistung}}$$

$$= \frac{100.000 \text{ EUR} * 50.000 \text{ km}}{300.000 \text{ km}}$$

$$= 16.666,67 \text{ EUR}$$

Während bei der bilanziellen Abschreibung höchstens die Anschaffungs- oder Herstellungskosten als Ausgangswert angesetzt werden dürfen (§253 HGB), wird bei den kalkulatorischen Abschreibungen oft vom Wiederbeschaffungspreis des Vermögensgegenstands ausgegangen. Kalkulatorische Abschreibungen werden in die Preiskalkulation mit einbezogen. Sind die Abschreibungen aus den Wiederbeschaffungspreisen berechnet, können mit dem gegenwärtigen Umsatz die zukünftigen Maschinen verdient werden. Die Wiederbeschaffungspreise können über sog. Wiederbeschaffungsindizes berechnet werden (siehe nachfolgendes Prüfungstraining). Eine solche Vorgehensweise sichert die Substanzerhaltung des Unternehmens.

Prüfungstraining: Kalkulatorische Abschreibungen, Wiederbeschaffungsindex

Die Möbel AG hat im Jahr 2005 eine neue Lackieranlage für 500.000,- EUR angeschafft. Der Wiederbeschaffungsindex im Anschaffungsjahr beträgt 106 %. Im aktuellen Jahr (2007) beträgt der Wiederbeschaffungsindex 112 %. Die voraussichtliche Nutzungsdauer wird auf 10 Jahre geschätzt. Es wird von einem Liquidationserlös von 30.000,- EUR am Ende der Nutzungsdauer ausgegangen.

Lösung:

Die kalkulatorische Abschreibung wird vom Wiederbeschaffungspreis berechnet. Sind in der Aufgabe Wiederbeschaffungsindizes angegeben, so müssen diese herangezogen werden, um den aktuellen Wert für die Jahres- und Monatsabschreibung zu berechnen.

Wiederbeschaffungswert = 500.000,- EUR * 112 / 106

= 528.301,88 EUR

Für die kalkulatorische Abschreibung wird der Restwert vom Wiederbeschaffungswert abgezogen:

kalk. Abschreibung/Jahr = (528.301,88 EUR - 30.000,- EUR) / 10 Jahre
= 49.830,19 EUR

kalk. Abschreibung/Monat = 49.830,19 EUR / 12 Monate
= 4.152,52 EUR/Monat

2.3.2 Kalkulatorische Zinsen

In der GuV-Rechnung wird nur der Zinsaufwand für das Fremdkapital erfasst. In der Kostenrechnung wird das komplette betriebsnotwendige Kapital verzinst, egal ob es durch Eigenkapital oder Fremdkapital finanziert wird (Zusatzkosten). Es handelt sich bei den kalkulatorischen Zinsen somit um Opportunitätskosten, d.h. die kalkulatorischen Zinsen stellen den entgangenen Gewinn dar, der durch einen alternativen Einsatz des Kapitals erreichbar gewesen wäre.

Für die Berechnung der kalkulatorischen Zinsen von nur einem Anlagegut muss darauf geachtet werden, dass zur Ermittlung des durchschnittlich gebundenen Kapitals der Restwert dem Wiederbeschaffungswert hinzugerechnet wird!

Prüfungstraining: Kalkulatorischer Zins auf ein Anlagegut, Wiederbeschaffungsindex

Die Möbel AG hat im Jahre 2006 eine Sägemaschine für 300.000,- EUR angeschafft. Im Jahr 2007 liegt der Wiederbeschaffungsindex im Vergleich zum Basisjahr 2006 (100%) bei 105 %. Der durchschnittliche Marktzins für Darlehen beträgt 8 %. Nach Ablauf der Nutzungsdauer wird ein Restwert von 20.000,- EUR angenommen.

Lösung:

Zunächst wird der Wiederbeschaffungswert berechnet:

Anschaffungswert: 300.000,- EUR

Berechnung des Wiederbeschaffungswertes:

300.000,- EUR * 105/100 = 315.000,- EUR

durchschnittliche Kapitalbindung:

(315.000,- EUR + 20.000,- EUR) / 2 = 167.500,- EUR

Bei der Berechnung der durchschnittlichen Kapitalbindung ist besonders darauf zu achten, dass der Restwert dem Wiederbeschaffungswert *hinzuaddiert* wird!

Kalk. Zins/Jahr: 167.500,- EUR * 8/100 = 13.400,- EUR/Jahr

Kalk. Zins/Monat: 13.400,- EUR / 12 Monate = 1.116,67 EUR/Monat

Um die Höhe der kalkulatorischen Zinsen kalkulieren zu können, wird zunächst aus dem bilanziellen Gesamtvermögen das nicht betriebsnotwendige Vermögen herausgerechnet (z.B. stillgelegte Maschinen, ungenutzte Grundsstücke, vermietete Gebäude und Wertpapiere des Anlagevermögens).

Das betriebsnotwendige Kapital wird nach folgendem Schema festgestellt:

nicht abnutzbares Anlagevermögen
+ abnutzbares Anlagevermögen (kalk. Restwert)
= betriebsnotwendiges Anlagevermögen
+ betriebsnotwendiges Umlaufvermögen
= betriebsnotwendiges Vermögen
- Abzugskapital
= betriebsnotwendiges Kapital

Dem betriebsnotwendigen Kapital dürfen nur solche Anlagegüter hinzugerechnet werden, die dauerhaft dem Betrieb dienen. Sie können mit den kalkulatorischen Restwerten (= Wiederbeschaffungskosten – kalkulatorische Abschreibung) oder mit Durchschnittswerten angesetzt werden.

Das Abzugskapital besteht aus Positionen, die dem Unternehmen zinslos zur Verfügung gestellt wurden. Dies sind z.B. Lieferantenkredite ohne Skonto, Anzahlungen von Kunden, Rückstellungen etc.

Als Orientierung für den kalkulatorischen Zinssatz gilt i.d.R. der Zinssatz für Bundesanleihen oder der durchschnittliche Marktzins für Darlehen.

Prüfungstraining: Kalkulatorischer Zins auf das gesamte Betriebsvermögen

Die Maschinen AG verfügt über folgende Vermögenswerte, die für die Berechnung des kalkulatorischen Zinses mit den folgenden Restwerten angenommen werden:

Gebäude:	650.000,- EUR
Fertigungsanlagen:	850.000,- EUR
Fuhrpark:	250.000,- EUR

Im Lager befinden sich Roh-, Hilfs- und Betriebsstoffe (300.000,- EUR), unfertige Erzeugnisse (400.000,- EUR) sowie Fertigerzeugnisse (200.000,- EUR). Ein Großkunde hat eine Anzahlung i.H.v. 20.000,- EUR geleistet. Das Unternehmen konnte einen Lieferantenkredit i.H.v. 30.000,- EUR aushandeln.

Berechnen Sie den kalkulatorischen Zins auf das gesamte Betriebsvermögen!

Lösung:

Betriebsnotwendiges Anlagevermögen (kalk. Restwerte):	**EUR**	**Summen (in EUR)**
Gebäude	650.000,-	
Fertigungsanlagen	850.000,-	
Fuhrpark	250.000,-	**1.750.000,-**

Betriebsnotwendiges Umlaufvermögen (Durchschnittsbestände)		
Roh- Hilfs-, und Betriebsstoffe	300.000,-	
Unfertige Erzeugnisse	400.000,-	
Fertigerzeugnisse	200.000,-	**900.000,-**
= Betriebsnotwendiges Vermögen		**2.650.000,-**
- Abzugskapital:		
Kundenanzahlungen	20.000,-	
Lieferantenkredit (ohne Skonto)	30.000,-	**50.000,-**
= Betriebsnotwendiges Kapital		**2.600.000,-**

Die kalkulatorischen Zinsen betragen bei einem Zinssatz von 5,00 %:

$$2.600.000 \text{ EUR} * 0,05 = 130.000,\text{- EUR}$$

Prüfungstipp: In der Prüfung werden meist Aufgaben gestellt, bei denen Sie zunächst aus gegebenen Daten das betriebsnotwendige Vermögen und das Abzugskapital ermitteln sollen. Bei der Bearbeitung solcher Aufgaben müssen Sie folgende Fragen beachten:

Dient die Vermögensposition dem Betriebszweck? Falls nicht, muss sie in der Tabelle bereits aus dem betriebsnotwendigen Anlage- oder Umlaufvermögen herausgerechnet werden.

Handelt es sich um zinslos überlassenes Fremdkapital? Eine solche Position müssen Sie als Abzugskapital erfassen und vom betriebsnotwendigen Vermögen abziehen. Beispiele hierfür sind: Verbindlichkeiten aus Lieferungen und Leistungen (nicht skontierfähig!), Rückstellungen, Anzahlungen, Verbindlichkeiten gegenüber dem Finanzamt (z.B. Steuernachzahlung), Verbindlichkeiten gegenüber der Sozialversicherung.

2.3.4 Kalkulatorische Wagnisse

Die Kostenrechnung macht die Unterscheidung zwischen dem allgemeinen Unternehmerrisiko und spezifischen Einzelwagnissen unternehmerischer Entscheidungen. Das allgemeine Unternehmerrisiko, das z.B. aus Konjunktureinbrüchen, Nachfrageverschiebungen oder technischem Fortschritt resultiert, kann nicht über die Kostenrechnung einkalkuliert werden. Es muss stattdessen durch das Betriebsergebnis abgedeckt werden. Im Unterschied dazu können Einzelwagnisse kalkulatorisch erfasst werden. In der Kostenrechnung versucht man aus Erfahrungswerten der vergangenen Perioden Durchschnittswerte für die Wagniskosten zu errechnen, um eine gleichmäßige Belastung der Abrechnungsperioden zu erreichen. Sie gehen in die Kostenrechnung als kalkulatorische Wagnisse ein. Beispiele hierfür sind das Gewährleistungswagnis, das Forderungswagnis oder das Bestands- und Lagerwagnis.

Beispiel:

Der Vertriebsleiter des Staubsaugerherstellers „Saugnix" weiß aus Erfahrung, dass pro 100 verkaufter Staubsauger fünf Stück aufgrund technischer Mängel zurückgegeben werden. Die Rücknahme des Staubsaugers, die Bereitstellung eines Ersatzgerätes und die Reparatur oder Entsorgung des defekten Gerätes verursachen Kosten in Höhe von 250,- EUR pro defektem Staubsauger. Die Kosten der fünf defekten Staubsauger pro 100 Stück (Wagniskosten) müssen auf die Herstellungskosten der Erzeugnisses umgerechnet werden (Basis für die Preiskalkulation), um die durchschnittliche Zahl von Garantieansprüchen kostendeckend abfertigen zu können.

In der Finanzbuchhaltung werden Risiken ebenfalls erfasst (z.B. Rückstellungen, Zahlungen an Kunden aus Garantieverpflichtungen, Wertberichtigung auf Forderungen etc.).

2.3.5 Kalkulatorischer Unternehmerlohn

Als kalkulatorischer Unternehmerlohn wird quasi ein fiktives Gehalt für den Unternehmenseigner angesetzt, das er bei einer vergleichbaren Tätigkeit in einem anderen Unternehmen beziehen könnte. Dies dient insbesondere dazu, dass eine Einzelfirma oder Personengesellschaft, deren Eigentümer aus dem Gewinn „entlohnt" werden, nicht niedrigere Kosten ansetzen als vergleichbare Kapitalgesellschaft.

2.3.6 Kalkulatorische Miete

Stellen Gesellschafter von Personengesellschaften oder Einzelunternehmer ihrem Unternehmen Privatgrundstücke oder -gebäude unentgeltlich zur Verfügung (z.B. Nutzung des Erdgeschosses des eigenen Wohnhauses als Büroräume), so sollte in der Kostenrechnung eine kalkulatorische Miete eingerechnet werden. Kalkulatorische Mieten stellen Opportunitätskosten dar, die den entgangenen Mietertrag wiedergeben.

2.4 Abgrenzungsrechnung der Rechnungskreise

In der Abgrenzungsrechnung werden sämtliche Aufwands- und Ertragswerte (Gewinn und Verlustrechnung → Rechnungskreis I) mit den Werten (Kosten und Leistungen) der KLR abgeglichen. Ziel ist es, neben dem nach Handelsrecht ermittelten Gewinn (Rechnungskreis I) ein aussagekräftiges Betriebsergebnis zu erhalten, von dem aus die Ertragskraft des Leistungserstellungsprozesses besser beurteilt werden kann.

Prüfungstraining: Abgrenzungsrechnung

Bei der Möbel AG sind in der abgelaufenen Rechnungsperiode folgende Aufwendungen und Erträge angefallen (in EUR):

Umsatzerlöse	500.000,-
aktivierte Eigenleistung	50.000,-
Verkauf eines Grundstückes	110.000,-
Zinserträge	8.000,-
Rohstoffaufwand	240.000,-
Personalaufwand	160.000,-
Abschreibungen	120.000,-
Zinsaufwand	12.000,-
Aufwand für Gewährleistungen	10.000,-

An kalkulatorischen Kosten (in EUR) werden verrechnet:

- kalkulatorische Abschreibungen: 180.000,-
- kalkulatorische Zinsen: 15.000,-
- kalkulatorisches Wagnis: 5.000,-

a) Ermitteln Sie in einer Abgrenzungsrechnung entsprechend der Mustertabelle das Gesamtergebnis, das neutrale Ergebnis sowie das Betriebsergebnis!

Rechnungskreis I			Rechnungskreis II					
GuV-Rechnung			Neutrales Ergebnis				Betriebsergebnis	
			Abgrenzung		Kostenrechn. Korrektur			
Konto	Aufw.	Ertr.	Aufw.	Ertr.	betr. Aufw.	verrechnete Kosten	Kosten	Leistung

b) Begründen Sie, warum es in einzelnen Fällen zu Abweichungen kommt. Definieren Sie dabei, ob es sich um Grund-, Anders- oder Zusatzkosten handelt.

c) Beurteilen Sie die Ergebnisse aus Sicht des Controllings!

Lösung:

a)

Rechnungskreis I			Rechnungskreis II					
GuV Rechnung			Neutrales Ergebnis				Betriebsergebnis	
			Abgrenzung		Kostenrechn. Korrektur			
Konto	Aufwand	Ertrag	Aufwand	Ertrag	betr. Aufw.	verrechnete Kosten	Kosten	Leistung
Umsatzerlöse:		500.000						500.000
Aktivierte Eigenleistung:		50.000						50.000
Verkauf eines Grundstückes:		110.000		110.000				
Zinserträge:		8.000		8.000				
Rohstoffaufwand:	240.000						240.000	
Personalaufwand:	160.000						160.000	
Abschreibungen:	120.000				120.000	180.000	180.000	
Zinsaufwand:	12.000				12.000	15.000	15.000	
Aufwand für Gewährleistungen:	10.000				10.000	5.000	5.000	
Summe:	542.000	668.000	0	118.000	142.000	200.000	600.000	550.000
Ergebnis:	+ 126.000			118.000	58.000		– 50.000	
	Unternehmensergebnis		Neutrales Ergebnis: + 176.000				Betriebsergebnis	

b) **Umsatzerlöse, aktivierte Eigenleistung:**

Die Umsatzerlöse entsprechen den in der KLR berechneten Leistungen. Das gleiche gilt für die aktivierte Eigenleistung.

Verkauf eines Grundstückes, Zinserträge:

Da es sich bei dem Verkauf um einen außergewöhnlichen Ertrag handelt, der nichts mit der gewöhnlichen Geschäftstätigkeit zu tun hat, handelt es sich dabei um einen neutralen Ertrag und um keine Leistung. Er wird von der KLR nicht erfasst. Das gleiche gilt für die Zinserträge.

Rohstoffaufwand, Personalaufwand:

Bei diesen Aufwendungen handelt es sich um Grundkosten, da sie direkt von der KLR übernommen werden.

Kalkulatorische Abschreibungen:

Die kalkulatorischen Abschreibungen sind hier höher als die bilanziellen Abschreibungen, da sie von den Wiederbeschaffungswerten berechnet werden. Dies ist der Fall, wenn von einer gleichen oder ähnlichen Nutzungsdauer sowie steigenden Wiederbeschaffungspreisen ausgegangen wird. Ist die Nutzungsdauer der kalkulatorischen Abschreibung länger und werden sinkende Wiederbeschaffungspreise erwartet, dann sind in der Regel die kalkulatorischen Abschreibungen niedriger als die bilanziellen. Es handelt sich um Anderskosten.

Kalkulatorische Zinsen:

In diesem Falle handelt es sich ebenfalls um Anderskosten, da sich die kalkulatorischen Zinsen nicht nur vom Fremdkapital, sondern vom gesamten Betriebsvermögen berechnen.

Kalkulatorisches Wagnis:

Entspricht das kalkulatorische Wagnis den Aufwendungen für Gewährleistungen, so handelt es sich um Grundkosten. In der Regel weichen diese Werte jedoch voneinander ab. Die Aufwendungen für Gewährleistungen stellen die tatsächlichen Kosten für fehlerhafte Produkte und Service beim Kunden dar. Die kalkulatorischen Wagniskosten sind Durchschnittswerte der vergangenen Rechnungsperioden, die das Geschäftsrisiko monetär abbilden. Es handelt sich dabei um Anderskosten.

c) Die Geschäftsleitung kann zwar über einen Gewinn i.H.v. 126.000,- EUR erfreut sein, dem Controlling müsste allerdings Sorge bereiten, dass ein negatives Betriebsergebnis von 50.000,- EUR erzielt wurde. Der Gewinn ist also nur aufgrund außergewöhnlicher Erträge, wie z.B. durch den Grundstücksverkauf, erreicht worden.

Kontrollfragen Lerneinheit 2

Kostenartenrechnung

1. Nennen Sie die grundlegenden Aufgaben und Ziele der Kostenartenrechnung!
2. Nennen Sie die vier Methoden zur Bestimmung des Materialverbrauchs mit ihren Kritikpunkten!
3. Welche Abschreibungsmethode wird i.d.R. in der Kostenrechnung verwendet und warum?
4. Was sind kalkulatorische Zinsen?

Prüfungstraining Lerneinheit 2

Kostenartenrechnung

Aufgabe 1)

Die Blech AG stellt hochwertig geformte Bleche her. Die variablen Kosten pro Stück (k_{var}) belaufen sich auf 156,- EUR/St. Die fixen Kosten (K_{fix})des Unternehmens betragen monatlich 120.000,- EUR.

a) Wie hoch sind die gesamten Kosten (K_{ges}) sowie die gesamten Stückkosten (k_{ges}) im Februar, wenn das Unternehmen in diesem Monat 3.000 Stück herstellt?

b) Im Monat März produziert das Unternehmen 5.000 Stück. Wie hoch sind die gesamten Kosten (K_{ges}), die gesamten Stückkosten (k_{ges}) und die Fixkosten je Stück (k_{fix})?

c) Im Monat April kann aufgrund eines Großbrandes im Werk I nur sehr eingeschränkt produziert werden. Wie hoch sind die variablen Stückkosten (k_{var}) und die Fixkosten pro Stück (k_{fix}), wenn nur 100 St. produziert werden?

d) Stellen Sie den Kostenverlauf graphisch dar!

Aufgabe 2)

Die Möbel AG führt am Ende des Jahres eine Inventur im Rohstofflager „Buche" durch.

Am Anfang des Jahres war ein Bestand von 300 m^3 gelagert. Der Preis pro m^3 belief sich auf 35,- EUR.

Während des Jahres wurden folgende Zugänge verzeichnet:

Datum	Menge in m^3	EUR/m^3
23.03.	400	42,-
25.05.	600	39,-
03.08.	500	28,-
12.10.	300	42,-

Die Inventur ergibt einen Endbestand von 900 m^3.

Wie ist der Wert des Endbestandes, wenn

a) mit der Lifo-Methode bewertet wird?

b) mit der Fifo-Methode bewertet wird?

Aufgabe 3)

Die Maschinen AG investiert im Jahr 2005 in eine neue CNC-Maschine (Anschaffungskosten = 250.000,- EUR). Der Wiederbeschaffungsindex im Anschaffungsjahr beträgt 109 %. Im aktuellen Jahr (2007) beträgt der Wiederbeschaffungsindex 115 %. Die voraussichtliche Nutzungsdauer wird auf 5 Jahre geschätzt. Es wird von einem Liquidationserlös von 20.000,- EUR am Ende der Nutzungsdauer ausgegangen.

a) Wie hoch ist die kalkulatorische Abschreibung im Jahr 2007?

b) Wie hoch ist die bilanzielle, lineare Abschreibung?

Aufgabe 4)

Bei der Plastik GmbH sollen die kalkulatorischen Zinsen für das abgelaufene Geschäftsjahr berechnet werden. Für langfristige Bundesanleihen beträgt die Umlaufrendite 3,6 %. Das Unternehmen arbeitet mit einem Risikozuschlag von 3 Prozentpunkten. Ermitteln Sie die kalkulatorischen Zinsen des Unternehmens, wenn folgende Daten gelten:

Anlagevermögen (kalkulatorische Restwerte):

Grundstücke u. Gebäude:	10.500.000,- EUR
Maschinen u. Anlagen:	16.300.000,- EUR
Fuhrpark:	300.000,- EUR

Umlaufvermögen (Durchschnittswerte):

Roh- Hilfs-, und Betriebsstoffe:	3.600.000,- EUR
unfertige und fertige Erzeugnisse:	7.400.000,- EUR

Die nicht skontierfähigen Verbindlichkeiten aus Lieferungen und Leistungen betragen 90.000,- EUR. Eine Anlage im Wert von 160.000,- EUR ist stillgelegt und steht zum Verkauf. Kunden haben für Aufträge Anzahlungen i.H.v. 400.000,- EUR geleistet. Die Verbindlichkeiten gegenüber dem Finanzamt und den Sozialversicherungen betragen insgesamt 1.200.000,- EUR.

Aufgabe 5)

Bei der Meier OHG, Spezialist für die Herstellung von Kupferdrähten, soll am Ende der Rechnungsperiode das Geschäftsergebnis festgestellt werden. Folgende Daten liegen vor (in EUR):

Umsatzerlöse	300.000,-
aktivierte Eigenleistung	20.000,-
Verkauf eines Patentes	30.000,-
Zinserträge	5.000,-
Rohstoff, Personalaufwand	180.000,-
Mietaufwand für die angem. Lagerhalle	8.000,-
Abschreibungen	60.000,-
Zinsaufwand	4.000,-

An kalkulatorischen Kosten werden verrechnet (in EUR):

kalkulatorische Abschreibungen:	40.000,-
kalkulatorischer Unternehmerlohn:	10.000,-
kalkulatorische Zinsen:	15.000,-
kalkulatorische Miete für das eigenen Geschäftsgebäude:	3.000,-

a) Aus diesen Daten sind in einer tabellarischen Darstellung des Rechnungskreises I und II das Gesamtergebnis, das neutrale Ergebnis sowie das Betriebsergebnis zu ermitteln.

b) Begründen Sie eventuell anfallende Abweichungen zwischen den zwei Rechnungskreisen!

Antworten zu den Kontrollfragen Lerneinheit 2

Kostenartenrechnung

1. Als grundlegendes Teilgebiet der Kostenrechnung dient die Kostenartenrechnung in erster Linie der systematischen Erfassung der gesamten Kosten einer Abrechnungsperiode. Sie liefert damit die Basisinformationen für die Aufbereitung der Kostendaten für die nachgelagerte Kostenstellen- und Kostenträgerrechnung. Die Kostenerfassung soll vollständig und überschneidungsfrei dargestellt werden. Die Zuordnung soll eindeutig sein. Die Gliederung der Gesamtkosten erfolgt in Einzel- und Gemeinkosten.
2. *Zugangsmethode:* Kritisch ist bei dieser Methode, dass Lagerverluste unkenntlich sind und eine Zuordnung zu Kostenstellen oder Kostenträgern nicht stattfindet.

   Inventurmethode: Diese Methode ist sehr aufwendig. Die Lagerverluste gehen in den Verbrauch ein und sind somit auch hier unkenntlich. Eine Zuordnung zu Kostenstellen oder Kostenträgern findet ebenso wenig statt.

   Rückrechnungsmethode: Man erhält Soll-Größen.

   Fortschreibungsmethode: hoher Verwaltungsaufwand
3. Es wird i.d.R. die lineare Abschreibung verwendet, unter dem Aspekt eine möglichst gleichmäßige Belastung der einzelnen Abrechnungsperioden zu erreichen. Es sind jedoch alle Abschreibungsmethoden zulässig.
4. Als kalkulatorische Zinsen erfasst die Kostenrechnung die Verzinsung jenes Geldkapitals, das zur Finanzierung des für die Abwicklung der Leistungserstellung und -verwertung erforderlichen Anlage- und Umlaufvermögens eingesetzt wird.

Lösungen zum Prüfungstraining Lerneinheit 2

Lösung – Aufgabe 1)

a)

$K_{ges} = k_{var} * x + K_{fix}$

K_{ges} = 156,- EUR * 3.000 St. + 120.000,- EUR

K_{ges} = 588.000,- EUR

$k_{ges} = K_{ges} / x$

k_{ges} = 588.000,- EUR / 3.000 St.

k_{ges} = 196 EUR/St.

b)

K_{ges} = 156,- EUR * 5.000 St. + 120.000,-EUR

K_{ges} = 900.000,-

k_{ges} = 900.000,- EUR / 5.000 St.

k_{ges} = 180,- EUR/St.

$k_{fix} = K_{Fix} / x$

k_{fix} = 120.000,- EUR / 5.000 St. → k_{Fix} = 24,- EUR/St.

c)

k_{var} = 156,- EUR

k_{fix} = 120.000,- EUR / 100 St.

k_{fix} = 1.200,- EUR/St.

d)

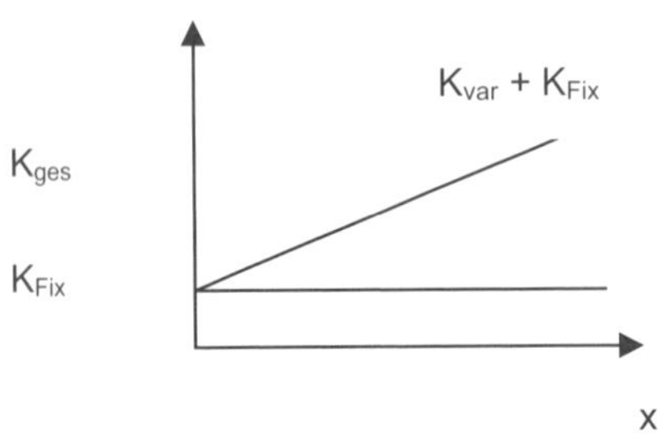

Lösung - Aufgabe 2)

a) Lifo-Methode = „last-in/first-out", d.h. die Neuzugänge gehen zuerst wieder aus dem Lager hinaus. Der Endbestand von 900 m³ besteht damit aus älteren Beständen.

Anfangsbestand:	300 m³	35,-	10.500,-
Zugang 23.03:	400 m³	42,-	16.800,-
Zugang 25.05:	200 m³	39,-	7.800,-
	900 m³		35.100,-

Der Endbestand hat einen Wert von 35.100,- EUR.

b) Fifo-Methode = „first-in/first-out", d.h. die Neuzugänge bleiben im Lager, die ältesten Bestände gehen in die Produktion.

Zugang 25.05	100 m³	39,-	3.900,-
Zugang 03.08	500 m³	28,-	14.000,-
Zugang 12.10	300 m³	42,-	12.600,-
	900 m³		30.500,-

Der Endbestand hat einen Wert von 30.500,- EUR.

Lösung - Aufgabe 3)

a) Die kalkulatorische Abschreibung wird vom Wiederbeschaffungspreis berechnet. Sind in der Aufgabe Wiederbeschaffungsindizes angegeben, so müssen diese herangezogen werden, um den aktuellen Wert für die Jahres- und Monatsabschreibung zu berechnen.

Wiederbeschaffungswert = 250.000,- EUR * 115 / 109
= 263.761,47

Für die kalkulatorische Abschreibung wird der Restwert vom Wiederbeschaffungswert abgezogen:

kalk. Abschreibung/Jahr = (263.761,47 EURO - 20.000,- EURO) / 5 Jahre
= 48.752,29 EUR

b) bilanzielle, lineare Abschreibung:

250.000,- EUR / 5 Jahre = 50.000,- EUR/Jahr

Lösung - Aufgabe 4)

betriebsnotwendiges Anlagevermögen (kalk. Restwerte):	EUR	Summen
Grundstücke und Gebäude:	10.500.000,-	
Maschinen u. Anlagen:	16.140.000,-	
Fuhrpark:	300.000,-	26.940.000,-
betriebsnotwendiges Umlaufvermögen (Durchschnittsbestände):		
Roh- Hilfs-, und Betriebsstoffe:	3.600.000,-	
unfertige und fertige Erzeugnisse:	7.400.000,-	11.000.000,-
= betriebsnotwendiges Vermögen:		**37.940.000,-**
- **Abzugskapital:**		
Kundenanzahlungen:	400.000,-	
Lieferantenkredit (ohne Skonto):	90.000,-	
Verbindlichkeiten ggü. Finanzamt und Sozialversicherungen:	1.200.000,-	
= betriebsnotwendiges Kapital:		**36.250.000,-**

Der kalkulatorische Zinssatz beträgt 6,6 %.

Die kalkulatorischen Zinsen betragen:

36.250.000,- EUR * 6,6 % = 2.392.500,- EUR.

Lösung - Aufgabe 5)

a) (in EUR)

Rechnungskreis I			Rechnungskreis II					
GuV Rechnung			Neutrales Ergebnis				Betriebsergebnis	
			Abgrenzung		kostenrechn. Korrektur			
Konto	Aufwand	Ertrag	Aufwand	Ertrag	betr. Aufw.	verrechnete Kosten	Kosten	Leis-tung
Umsatzerlöse:		300.000						300.000
aktivierte Eigen-leistung:		20.000						20.000
Verkauf eines Patentes:		30.000		30.000				
Zinserträge:		5.000		5.000				
Rohstoff-, Personalaufw.:	180.000				180.000	190.000	190.000	
Mietaufwand für die angem. Lagerhalle:	8.000				8.000	11.000	11.000	
Abschreibun-gen:	60.000				60.000	40.000	40.000	
Zinsaufwand:	4.000				4.000	15.000	15.000	
Summe:	252.000	355.000	0	35.000	252.000	256.000	256.000	320.000
Ergebnis:	+ 103.000				4.000		+ 64.000	
	Unternehmens ergebnis		Neutrales Ergebnis: + 39.000				Betriebsergebnis	

b.)

Personalaufwand:

Hier wird für die KLR der kalkulatorische Unternehmerlohn von 10.000,- EUR hinzugerechnet (Zusatzkosten → Minderung des Betriebsergebnisses).

Mietaufwand:

Der kalkulatorische Mietaufwand für das firmeneigene Geschäftsgebäude (Opportunitätskosten) wird für die KLR dem Mietaufwand aus der Finanzbuchhaltung hinzugerechnet!

Abschreibung:

Die kalkulatorischen Abschreibungen sind geringer als die bilanziellen Abschreibungen, da in diesem Unternehmen eventuell die Nutzungsdauern für die Kalkulation länger eingeschätzt worden sind als es die AfA-Tabellen vorgeben.

Zinsaufwand:

Der Zinsaufwand der Finanzbuchhaltung ergibt sich aus den zu zahlenden Zinsen für Kredite. Der kalkulatorische Zinsaufwand wird auf das gesamte Betriebsvermögen berechnet.

Lerneinheit 3

Kostenstellenrechnung

In dieser Lerneinheit sollen Sie folgende Lernziele erreichen:

- die Aufgaben der Kostenstellenrechnung verstehen,
- eine innerbetriebliche Leistungsverrechnung durchführen können,
- Zuschlagssätze errechnen können,
- Abweichungen innerhalb der Kostenstellenrechnung ermitteln können.

3.1 Ziele und Aufgaben

Der Kostenstellenrechnung kommt innerhalb der KLR eine zentrale Bedeutung zu. Ihre Aufgabe besteht zum einen in der Ermittlung von Kalkulationssätzen, die eine verursachungsgerechte Verrechnung der Gemeinkosten auf die Produkte ermöglichen, zum anderen liefert sie Informationen über die Höhe der in den einzelnen Kostenstellen eines Unternehmens entstandenen Kosten.

Die Kostenstellenrechnung steht zwischen der Kostenartenrechnung und der Kostenträgerrechnung. Sie hat das Ziel, die Kosten den Funktionsbereichen möglichst verursachungsgerecht zuzuordnen.

Kostenstellen sind Bereiche des Unternehmens, die kostenrechnerisch selbstständig abgerechnet werden.

Die Bildung von Kostenstellen kann nach drei unterschiedlichen Kriterien erfolgen:

- nach betrieblichen Funktionen,
- nach Verantwortungsbereichen,
- nach Betriebsräumen.

In der Praxis findet man in der Regel die Kostenstellenbildung nach betrieblichen Funktionen. Die Aufteilung des Betriebes in Abteilungen mit gleichartigen Arbeitsgängen (Lagerhaltung, Fertigung, Verwaltung, Vertrieb usw.) gewährleistet, dass in diesen Abteilungen in gleichem Maße Gemeinkosten anfallen. Dies ist Voraussetzung für eine verursachungsgerechte Gemeinkostenverrechnung.

Die Kostenstellenbildung nach Verantwortungsbereichen empfiehlt sich dann, wenn die Wirtschaftlichkeitskontrolle Hauptzweck der Kostenrechnung sein soll.

Unter produktionstechnischen Gesichtspunkten werden Haupt-, Neben- und Hilfskostenstellen unterschieden.

In den Hauptkostenstellen werden die Produkte hergestellt, die für den Absatzmarkt bestimmt sind. Die Nebenkostenstellen stehen ebenfalls im Dienste der Leistungserstellung, doch werden in ihnen nicht die Kosten der Hauptleistungen, sondern der Nebenleistungen erfasst. Hilfskostenstellen tragen nur mittelbar zur Gütererstellung bei. Sie erbringen lediglich innerbetriebliche Leistungen für andere Kostenstellen und geben demnach auch ihre Kosten an diese ab. Typische Hilfskostenstellen sind z.B. das betriebseigene Elektrizitätswerk, die betriebseigene Wasserversorgung, die betriebseigene Reparaturwerkstatt etc.

Die Kostenstellenbildung in Anlehnung an die betrieblichen Funktionen ergibt folgende vier Hauptkostenstellen:

1. **Materialkostenstelle**: Beschaffung, Prüfung, Lagerung, Pflege, Ausgabe und Versicherung der Werkstoffe,

2. **Fertigungskostenstelle**: umfasst die Bereiche des direkten Produktionsprozesses (z.B. Montage etc.),

3. **Verwaltungskostenstelle**: alle Bereiche des Managements, des Rechnungswesens und der Personalabteilung sowie die sonstige allgemeine Verwaltung,

4. **Vertriebskostenstelle**: die Funktionsbereiche der Lagerung, Verpackung, des Verkaufs und des Versandes der Produkte sowie des Marketing.

Unter abrechnungstechnischen Gesichtspunkten unterscheidet man Vor- und Endkostenstellen. Hauptkostenstellen werden auch als Endkostenstellen bezeichnet, da ihre Leistungen direkt in das Endprodukt eingehen. Hilfskostenstellen sind meist Vorkostenstellen, deren Kosten im Rahmen der Kostenstellenrechnung auf andere Vor- oder Endkostenstellen umgelegt werden. Die Kosten der Endkostenstellen werden direkt auf die Produkte (Kostenträger) verrechnet.

3.2 Der Betriebsabrechnungsbogen

3.2.1 Der einstufige Betriebsabrechnungsbogen

Im Betriebsabrechnungsbogen (BAB) werden die Gemeinkosten, die in der Kostenartenrechnung ermittelt wurden, auf die Kostenstellen umgelegt. Kostenstelleneinzelkosten (Löhne, Rohstoffverbrauch etc.) werden direkt auf die Kostenstellen verteilt. Die Gemeinkosten werden, sofern sie keiner Kostenstelle direkt zurechenbar sind, mithilfe von Verteilungsschlüsseln auf die Kostenstellen umgelegt.

Die Verteilung der Gemeinkosten bildet die Grundlage für die Errechnung der verschiedenen Zuschlagssätze. Mithilfe der Zuschlagssätze können die Herstellkosten der Rechnungsperiode oder pro Stück kalkuliert werden. Der BAB hilft somit durch die Ermittlung der Zuschlagssätze, dass die Kalkulation von Produkten überhaupt erst möglich wird.

Im einstufigen BAB werden die Kosten der Hilfskostenstellen noch nicht auf die Hauptkostenstellen umgelegt. Ziel ist hier, die Gemeinkosten der jeweiligen Kostenstelle festzustellen und mithilfe einer Bezugsgröße als Zuschlagsgrundlage (z.B. Einzelkosten, Maschinenstunden etc.) die Zuschlagssätze zu ermitteln.

	Kostenstellen			
Gemeinkosten-arten	Material	Fertigung	Verwaltung	Vertrieb
Hilfsstoffe Betriebs-stoffe Gehälter				
Summe der Gemeinkosten	Summe der Materialgemeinkosten	Summe der Fertigungs-gemeinkosten	Summe der Verwaltungs-gemeinkosten	Summe der Vertriebs-gemeinkosten
	Summe der Gemeinkosten			
Zuschlags-grundlagen (= 100 %)	Fertigungs-material (FM)	Fertigungs-löhne (FL)	Herstellkosten (HK)	Herstellkosten (HK)
Zuschlagssätze:	$\frac{MGK * 100}{FM}$	$\frac{FGK * 100}{FL}$	$\frac{VwGK * 100}{\text{HK der Fertigung}}$	$\frac{VtGK * 100}{\text{HK des Umsatzes}}$

3.2.2 Der mehrstufige Betriebsabrechnungsbogen

Bisher wurde unterstellt, dass die Gemeinkosten ausschließlich auf die vier Hauptkostenstellen verteilt werden, also auf Kostenstellen, in denen die Produkte für den Absatzmarkt produziert werden. In den Unternehmen gibt es jedoch zahlreiche (Hilfs-)Kostenstellen, die ihre Leistungen intern an andere Kostenstellen abgeben.

Die während einer Abrechnungsperiode anfallenden Gemeinkosten werden entsprechend den Verteilungsschlüsseln zunächst auf die anderen Hilfskostenstellen verrechnet. Dann werden die Hilfskostenstellen auf die Hauptkostenstellen verteilt. Liegen mehrere allgemeine oder spezielle Hilfskostenstellen vor, so lassen sich einseitige und wechselseitige innerbetriebliche Leistungsbeziehungen unterscheiden. Bei einseitigen Leistungsbeziehungen können die Kostenstellen so angeordnet werden, dass jeweils vorgelagerte Kostenstellen nur an nachgelagerte Kostenstellen Leistungen abgeben. Wechselseitige Leistungsbeziehungen liegen dann vor, wenn mindestens zwei Kostenstellen sich gegenseitig beliefern.

In einem mehrstufigen BAB ist es möglich, die primären *und* sekundären Gemeinkosten auf die Kostenstellen zu verrechnen. Der mehrstufige BAB charakterisiert sich dadurch, dass der innerbetriebliche Leistungsaustausch mitverrechnet wird (Verrechnung der sekundären Kosten).

3.2.2.1 Die Verfahren der Verrechnung innerbetrieblicher Leistungen

Das Problem der Verrechnung innerbetrieblicher Leistungen liegt in der Feststellung der genauen Höhe der Kosten, die anderen Kostenstellen zugerechnet werden sollen. Die gängigsten Verfahren sind:

- das Anbauverfahren,
- das Treppenverfahren (Stufenleiterverfahren),
- das Gleichungsverfahren.

3.2.2.1.1 Das Anbauverfahren

Das Anbauverfahren ist das einfachste Verfahren der innerbetrieblichen Leistungsverrechnung. Die Kostenstellen werden in einen Block der Hilfskostenstellen und einen Block der Hauptkostenstellen aufgeteilt. Bei den Hilfskostenstellen ergibt sich der für die innerbetriebliche Leistungsverrechnung notwendige Verrechnungspreis, indem die gesamten Kosten durch die an die Hauptkostenstellen abgegebenen Mengeneinheiten dividiert werden. Bei den Hauptkostenstellen ergeben sich die gesamten Kosten (Endkosten) einer Kostenstelle aus der Summe der primären Kosten und der sekundären Kosten für die von den Hilfskostenstellen erhaltenen Mengeneinheiten.

Prüfungstraining: BAB, Anbauverfahren

Ein Unternehmen hat ein eigenes Elektrizitätswerk sowie eine eigene Wasserversorgung, die ihre Leistungen an die zwei Hauptkostenstellen Fertigung und Montage abgeben. In der Hilfskostenstelle Wasserversorgung fallen im Januar Kosten in Höhe von 3.000,- EUR an, in der Hilfskostenstelle E-Werk fallen in derselben Zeit Kosten in Höhe von 2.500,-EUR an. In der Hauptkostenstelle Fertigung entstehen im Januar primäre Gemeinkosten i.H.v. 40.000,- EUR, in der Hauptkostenstelle Montage entstehen primäre Gemeinkosten i.H.v. 25.000,- EUR.

Folgende Leistungsverflechtungen bestehen zwischen den Hilfs- und Hauptkostenstellen:

		Fertigung	Montage
Elektrizität	10.000 kWh	6.000 kWh	4.000 kWh
Wasser	500 m³	400 m³	100 m³

a) Stellen Sie zunächst die internen Verrechnungspreise der Hilfskostenstellen fest.

b) Legen Sie die Kosten der Hilfskostenstellen auf die Hauptkostenstellen um.

c) Beurteilen Sie das Anbauverfahren!

Lösung:

a) Stehen die gesamten Kosten und Verbrauchsmengen einer Hilfskostenstellen für eine Rechnungsperiode fest, so können die internen Verrechnungspreise festgelegt werden, nach denen der Verbrauch in den Hauptkostenstellen bewertet wird.

Strompreis: 2.500,- EUR / 10.000 kWh = 0,25 EUR/kWh

Wasserpreis: 3.000,- EUR / 500 m^3 = 6,- EUR/m^3

b) Im BAB werden nun die Kosten der Hilfskostenstellen verursachungsgerecht auf die Hauptkostenstellen umgelegt (alle Werte in EUR):

	E-Werk	Wasserwerk	Fertigung	Montage
Summe	2.500,-	3.000,-	40.000,-	25.000,-
Umlage E-Werk			1.500,-	1.000,-
Umlage Wasser			2.400,-	600,-
Summe sekundäre & primäre Gemeinkosten			43.900,-	26.600,-

Rechenweg für die Umlagen E-Werk und Wasser:

Fertigung:

E-Werk-Umlage: 0,25 EUR * 6000 kWh = 1.500,- EUR

Wasser-Umlage: 6,- EUR * 400 m³ = 2.400,- EUR

Montage:

E-Werk-Umlage: 0,25 EUR * 4000 kWh = 1.000,- EUR

Wasser-Umlage: 6,- EUR * 100 m³ = 600,- EUR

c) Das Anbauverfahren ist zwar in seiner Anwendung einfach, es führt jedoch nur dann zu einer verursachungsgerechten Gemeinkostenverteilung, wenn die Leistungsströme von den Hilfskostenstellen ausschließlich an die Hauptkostenstellen fließen. Im Falle einer gegenseitigen Leistungsverflechtung zwischen Hilfs- und Hauptkostenstellen ist die Anwendung des Anbauverfahrens ungeeignet.

3.2.2.1.2 Das Treppenverfahren (Stufenleiterverfahren)

Beim Treppenverfahren werden die Hilfskostenstellen zunächst im BAB so angeordnet, dass sie möglichst wenige innerbetriebliche Güter an vorgeordnete Hilfskostenstellen liefern; d.h. die vorgeordneten Stellen erhalten keine innerbetrieblichen Güter von nachgeordneten Stellen.

Die Verrechnungspreise der Hilfskostenstellen können erst dann festgestellt werden, wenn die Kosten der vorangehenden Hilfskostenstellen bereits auf die nachfolgenden Stellen umgelegt worden sind. Das Verfahren ist jedoch ungeeignet, wenn wechselseitige Leistungsverflechtungen zwischen den einzelnen Kostenstellen bestehen.

Prüfungstraining: BAB, Treppenverfahren

Ein Unternehmen hat die Hilfskostenstellen E-Werk, Wasserwerk und Reparatur. In den Hilfskostenstellen sind bisher folgende primäre Kosten angefallen:

E-Werk: 5.000,- EUR,

Wasserwerk: 6000,- EUR,

Reparaturwerkstatt: 12.000,- EUR.

In den Hauptkostenstellen fallen folgende primäre Gemeinkosten an:

Fertigung: 40.000,- EUR

Montage: 30.000,- EUR

Folgende Leistungsverflechtungen bestehen zwischen den Hilfs- und Hauptkostenstellen (alle Werte in EUR):

	Wasserwerk	Werkstatt	Fertigung	Montage
E-Werk	1.000 kWh	2.000 kWh	14.000 kWh	3.000 kWh
Wasserwerk		100 m³	1.200 m³	700 m³
Werkstatt			160 h	80 h

Verrechnen Sie die Kosten der Hilfskostenstellen mithilfe des Treppenverfahrens!

Lösung:

Unter Anwendung des Treppenverfahrens wird der BAB in der Weise gestaltet, dass die Hilfskostenstellen, die selbst keine Leistungen empfangen, zuerst umgerechnet werden (alle Werte in EUR):

	E-Werk	Wasserwerk	Reparatur	Fertigung	Montage
primäre GK	5.000,-	6.000,-	12.000,-	40.000,-	30.000,-
Umlage E-Werk	→	250,-	500,-	3.500,-	750,-
Zwischensumme		6.250,-	12.500,-	43.500,-	30.750,-
Umlage Wasser		→	313,-	3.756,-	2.191,-
Zwischensumme			12.813,-	47.256,-	32.941,-
Umlage Reparatur			→	8.542,-	4.271,-

(mit kfm. gerundeten Werten gerechnet, deshalb leicht summarische Abweichungen)

Rechenweg für die einzelnen Umlagen:

Verrechnungspreis E-Werk:

5.000,- EUR / 20.000 kWh = 0,25 EUR/kWh

primäre und sekundäre Kosten der Hilfskostenstelle Wasserwerk:

6.000,- EUR + 1.000 kWh * 0,25 EUR / kWh = 6.250,- EUR

Verrechnungspreis Wasser:

6.250,- EUR / 2.000 m^3 = 3,13 EUR/m^3

primäre und sekundäre Kosten der Hilfskostenstelle Reparatur:

12.000 EUR + 2.000 kWh * 0,25 EUR + 100 m^3 * 3,13 EUR/m^3 = 12.813,- EUR

Verrechungspreis Reparatur:

12.813,- EUR / 240 h = 53,38 EUR

3.2.2.1.3 Das Gleichungsverfahren (mathematisches Verfahren)

Wenn zwischen zwei oder mehreren Kostenstellen ein gegenseitiger Leistungsaustausch stattfindet, dann können für keine der Kostenstellen die Gesamtkosten ermittelt werden, bevor sie nicht auch mit den Sekundärkosten von anderen Kostenstellen belastet worden sind. Hierfür muss eine simultane Verrechnung der Kosten sämtlicher innerbetrieblicher Leistungen erfolgen. Als Methode kommt das Gleichungsverfahren (auch mathematisches Verfahren oder Simultanverfahren genannt) in Frage.

Prüfungstraining: BAB, Gleichungsverfahren

Das Unternehmen hat zwei Hilfskostenstellen, die die Hauptkostenstellen Fertigung und Montage beliefern. Zudem verbindet sie ein gegenseitiger Leistungsaustausch.

Folgende Leistungsverflechtungen bestehen zwischen den Hilfs- und Hauptkostenstellen:

		E-Werk	Wasserwerk	Fertigung	Montage
E-Werk	30.000 kWh	---	4.000 kWh	18.000 kWh	8.000 kWh
Wasserwerk	2.000 m^3	300 m^3	----	1.300 m^3	400 m^3

In der Hilfskostenstelle E-Werk fallen im Monat Januar Kosten in Höhe von 15.000,- EUR an, für die Hilfskostenstelle Wasserwerk fallen Kosten in Höhe von 10.400,- EUR an.

Nehmen Sie die innerbetriebliche Leistungsverrechnung vor!

Lösung:

Die Kosten müssen nun verursachungsgerecht auf die anderen Kostenstellen verteilt werden. Die Problematik besteht hierin, dass die Hilfskostenstellen sich gegenseitig beliefern und somit die Verrechnungspreise über ein lineares Gleichungssystem festgestellt werden müssen.

Rechnung:

E = Verrechnungspreis des E-Werkes (Einheit [EUR/kWh])

W = Verrechnungspreis des Wasserwerkes (Einheit [EUR/m^3])

gesamte Kosten des E-Werkes:

Gleichung 1:

15.000,- [EUR] + 300 m^3 * W [EUR/m^3] = 30.000 kWh * E [EUR/kWh] gesamte Kosten des Wasserwerkes:

Gleichung 2:

$$10.400,- [EUR] + 4.000 kWh * E [EUR/kWh] = 2.000 m^3 * W [EUR/m^3]$$

In einer Gleichung muss jetzt nach einer Unbekannten aufgelöst werden, die anschließend in die andere Gleichung eingesetzt wird.

Gleichung 1:

$$15.000,- [EUR] + 300 m^3 * W [EUR/m^3] = 30.000 kWh * E [EUR/kWh]$$

$$\Leftrightarrow \quad 300 m^3 * W [EUR/m^3] = 30.000 kWh * E [EUR/kWh] - 15.000,- EUR$$

$$\Leftrightarrow \quad 300 * W [EUR] = 30.000 * E [EUR] - 15.000,- EUR$$

$$\Leftrightarrow \quad W [EUR] = 100 * E [EUR] - 50,- [EUR]$$

Gleichung 2:

W wird in die Gleichung 2 eingesetzt und nach E aufgelöst:

$$10.400,- [EUR] + 4.000 kWh * E [EUR/kWh] = 2.000 m^3 * W [EUR/m^3]$$

$$\Leftrightarrow \quad 10.400,- [EUR] + 4.000 kWh * E [EUR/kWh] = 2.000 * (100 * E [EUR] - 50,- [EUR])$$

$$\Leftrightarrow \quad 10.400,- [EUR] + 4.000 * E [EUR] = 200.000 * E [EUR] - 100.000,- [EUR]$$

$$\Leftrightarrow \quad 196.000 * E [EUR] = 110.400,-. [EUR]$$

$$\Leftrightarrow E = 0,56$$

Der Wert für E wird wieder in die Gleichung 1 eingesetzt, um den Wert für W zu errechnen.

Gleichung 1:

$$W [EUR] = 100 * E [EUR] - 50,- [EUR]$$

$$\Leftrightarrow \quad W [EUR] = 100 * 0,56 - 50,- [EUR]$$

$$\Leftrightarrow \quad W = 6$$

Ergebnis:

E = 0,56 [EUR/kWh] W = 6,- [EUR/m³]

> **Prüfungstipp:** In der IHK-Prüfung kann die Aufgabe auch so gestellt sein, dass Sie zunächst die Kosten der Hilfskostenstellen mithilfe des Treppenverfahrens auf die Hauptkostenstellen umlegen müssen. Zwischen den Hauptkostenstellen besteht dann eine gegenseitige Verknüpfung, die dann mithilfe des Gleichungsverfahrens gelöst werden muss.

3.3 Die Ermittlung von Gemeinkostenzuschlagssätzen

Nach der innerbetrieblichen Leistungsverrechnung weist die Kostenstellenrechnung im Grunde nur noch Kosten für die Endkostenstellen aus. Die mithilfe des BAB errechneten Gemeinkosten pro Kostenstellen müssen nun den verschiedenen Kostenträgern zugeschlagen werden, da diese die Kostenstellen beansprucht und somit die Kosten verursacht haben. Die Umrechnung der Gemeinkosten auf die Kostenträger geschieht mithilfe der Gemeinkostenzuschlagssätze.

Die in Praxis und Theorie am weitesten verbreiteten Kalkulationssätze sind der:

- Materialgemeinkostenzuschlagssatz,
- Fertigungsgemeinkostenzuschlagssatz,
- Verwaltungsgemeinkostenzuschlagssatz,
- Vertriebsgemeinkostenzuschlagssatz.

Im Materialbereich wird im Allgemeinen für die Materialgemeinkosten die Höhe der verbrauchten Materialeinzelkosten als Bezugsbasis verwendet. Dies führt zur Berechnung des Materialgemeinkostenzuschlagssatzes (MGK-ZS):

$$\textbf{MGK-ZS} = \frac{\text{Materialgemeinkosten}}{\text{Materialeinzelkosten}} * 100$$

So auch für den Fertigungsgemeinkostenzuschlagssatz:

$$\textbf{FGK-ZS} = \frac{\text{Fertigungsgemeinkosten}}{\text{Fertigungseinzelkosten}} * 100$$

Als Zuschlagsbasis für die Verwaltungsgemeinkosten werden in der Regel die Herstellkosten der Abrechnungsperiode verwendet:

$$\textbf{Vw-ZS} = \frac{\text{Verwaltungsgemeinkosten}}{\text{Herstellkosten der Fertigung}} * 100$$

Für den Vertriebsgemeinkostenzuschlagssatz (Vt-ZS) werden die Herstellkosten des Umsatzes als Zuschlagsbasis verwendet, da nicht die gesamte Produktion, sondern nur die abgesetzten Güter als „Verursacher“ dieser Gemeinkosten angenommen werden.

$$\textbf{Vt-ZS} = \frac{\text{Vertriebsgemeinkosten}}{\text{Herstellkosten des Umsatzes}} * 100$$

3.3.1 Ermittlung von Kostenabweichungen bei der Normal–/Ist-Kalkulation

Kostenabweichungen können festgestellt werden, indem in einem BAB die kalkulierten Normal-Gemeinkosten den tatsächlich angefallenen Ist-Gemeinkosten gegenübergestellt werden.

Prüfungstraining: Kostenabweichungen bei der Vor- und Nachkalkulation, BAB, Kalkulationsschema

Der Möbelhersteller „Möbel AG" kalkuliert mit den folgenden Normal-Gemeinkostenzuschlagssätzen (NGK-ZS):

MGK-ZS = 10 %,

FGK-ZS = 75 %,

VerwGK-ZS = 1,5 %.

Die Ist-Einzelkosten entsprechen den Normal-Einzelkosten. In einem BAB sollen nun für das vergangene Quartal Abweichungen bei der Kalkulation der Gemeinkosten festgestellt werden.

Folgende Daten des BAB sind gegeben:

(alle Angaben in 1.000 EUR)

BAB	Summe Kosten	Material	Fertigung	Verwaltung
(Summe) Ist-GK	1.800	160	1.440	200
Zuschlagsgrundlage: Ist-EK		2.000	1.800	
Ist-GK-ZS				
Normal-GK-ZS		10 %	75 %	1,5 %
Zuschlagsgrundlage: Normal-EK		2.000	1.800	
Normal-GK				
Kostenüberdeckung				
Kostenunterdeckung				

a) Vervollständigen Sie den obigen BAB! Stellen Sie dabei die Ist-GK-ZS fest!

b) Die Möbel AG bekommt einen Auftrag zur Fertigung einer Büroausstattung nach Sondermaßen. Die Materialeinzelkosten betragen 4.000,- EUR , die Fertigungseinzelkosten belaufen sich auf 10.000,- EUR. Führen Sie eine Vorkalkulation des Auftrages durch, die Grundlage für die Preisermittlung der Büroausstattung sein soll. Führen Sie eine Nachkalkulation mit den Ist-GK-ZS durch. Beurteilen Sie das Ergebnis. (Diese Aufgabe können Sie nur mit Vorkenntnissen der Kostenträgerrechnung lösen).

Lösung:

a)

BAB	Summe Kosten	Material	Fertigung	Verwaltung
(Summe) Ist-GK	1.800,-	160,-	1.440,-	200,-
Zuschlagsgrundlage: Ist-EK		2000,-	1.800,-	Herstellkosten der Rechnungsperiode → 5.400,-
Ist-GK-ZS		8 %	80 %	3,7 %
NGK-ZS		10 %	75 %	1,5 %
Zuschlagsgrundlage: Normal-EK		2.000,-	1.800,-	Herstellkosten der Rechnungsperiode → 5.350,-
Norma-GK	1630,25	200,-	1.350,-	80,25
Kostenüberdeckung		40,-		
Kostenunterdeckung	169,75		90,-	119,75

(Lösungen sind teilw. gerundet)

b)

Vergleich der Kalkulationsschemata der Herstellungskosten Ist-GK-ZS vs. Normal–GK-ZS:

Vorkalkulation (in EUR)		Nachkalkulation (in EUR)	
MEK	4.000,-	MEK	4.000,-
MGK(10 %)	400,-	MGK (8 %)	320,-
FEK	10.000,-	FEK	10.000,-
FGK (75 %)	7.500,-	FGK (80 %)	8.000,-
HK	**21.900,-**	**HK**	**22.320,-**
VwGK (1,5 %)	328,50	VwGK (3,7 %)	825,84
Selbstkosten	**22.228,50**	**Selbstkosten**	**23.145,84**

Die tatsächlich angefallenen Kosten (Ist-Kosten) sind höher als die vorkalkulierten Normalkosten. Da die Selbstkosten die Basis für die Preisberechnung sind, ist somit der Preis zu niedrig angesetzt. Die Gewinnmarge wird dadurch geschmälert.

In der Praxis ist es schwierig, die Normalkosten deckungsgleich mit den Istkosten zu kalkulieren. Wird allerdings über mehrere Perioden hinweg eine Kostenunterdeckung festgestellt, müssen die Zuschlagssätze neu berechnet werden. Eine großzügige Bemessung der Zuschlagssätze mit dem Ziel, auf jeden Fall alle Kosten zu decken, ist deshalb nicht erlaubt, da die Zuschlagssätze in der Kalkulation verwendet und mit ihrer Hilfe die Preise festgelegt werden. Sind die Zuschlagssätze zu großzügig bemessen, kann das Produkt zu teuer werden. Deshalb ist eine möglichst genaue Vorkalkulation oberstes Ziel bei der Anwendung von Normal-Gemeinkostenzuschlagssätzen.

Prüfungstipp: In der Prüfung können Sie sich nicht darauf verlassen, dass Sie bei einer BAB-Aufgabe eine bereits vorgefertigte Tabelle bekommen. Aus diesem Grund ist es ratsam, sich den Aufbau der Tabelle gut einzuprägen und einen BAB zu Übungszwecken immer wieder selbst zu zeichnen!

Kontrollfragen Lerneinheit 3

Kostenstellenrechnung

1. Nennen Sie die Ziele und Aufgaben der Kostenstellenrechnung!
2. Grenzen Sie die Begriffe Einzelkosten und Gemeinkosten voneinander ab!
3. Nach welchen Kriterien können Kostenstellen gebildet werden?
4. Warum werden die Kostenstellen in Haupt- und Hilfskostenstellen unterteilt?
5. Zu welchem Zweck wird der BAB eingesetzt?
6. Beschreiben Sie das Problem des innerbetrieblichen Leistungsaustauschs und nennen Sie Methoden zur Lösung dieses Problems!
7. Beschreiben Sie die Vorgehensweise beim Anbauverfahren!
8. Beschreiben Sie die Vorgehensweise beim Treppenverfahren!
9. Beschreiben Sie die Vorgehensweise beim Gleichungsverfahren!
10. Wie können die Kostenabweichungen von der Normalkostenrechnung zur Istkostenrechnung festgestellt werden?

Prüfungstraining Lerneinheit 3

Kostenstellenrechnung

Aufgabe 1)

Ein Industriebetrieb möchte mithilfe eines BAB die neuen Ist-Gemeinkostenzuschläge ermitteln. Zuschlagsbasen für die Gemeinkostenzuschlagssätze sind die Einzelkosten der jeweiligen Kostenstelle. Die Kosten des betriebseigenen E-Werkes sind nach dem Stromverbrauch der Kostenstellen zu verteilen. Die Kosten der Reparaturwerkstatt sind nach den Reparaturstunden zu verteilen. Es wird das Treppenverfahren angewendet.

Kostenart	E-Werk	Reparatur-werkstatt	Material	Fertigung	Verwal-tung	Vertrieb
Summe der primären Ist-GK (EUR):	10.000,-	5.000,-	30.000,-	60.000,-	10.000,-	15.000,-
Zuschlagsbasis Einzelkostenstellen (EUR):			60.000,-	130.000,-		
Stromverbrauch (kWh):		10.000	20.000	60.000	8.000	2.000
Reparaturstunden (h):			30	70		

Die Bestände an fertigen und unfertigen Erzeugnissen haben sich in der Abrechnungsperiode um 30.000,- EUR erhöht.

Verrechnen Sie die innerbetrieblichen Leistungen mit dem Treppenverfahren auf die nachfolgenden Kostenstellen und ermitteln Sie die Zuschlagssätze.

Aufgabe 2)

Die Maschinen AG hat zwei Hilfskostenstellen, die sämtliche Fertigungsbereiche, aber auch sich gegenseitig unterstützen.

Die primären Gemeinkosten der (Hilfs-)Kostenstellen I und II betragen im 3. Quartal des Geschäftsjahres 2008:

Kostenstelle I: 12.000,- EUR, Kostenstelle II: 22.000,- EUR.

Die Kostenstelle I erbrachte eine Leistung von 60.000 Einheiten [x], wovon 10.000 Einheiten an die Kostenstelle II geliefert wurden.

Die Kostenstelle II erbrachte eine Leistung von 8.000 Einheiten [y], wovon 1.000 Einheiten an die Kostenstelle I geliefert wurden.

a) Ermitteln Sie die Verrechnungssätze der von den Kostenstellen erbrachten Leistungen! (k_1 sei der Verrechnungssatz der Kostenstelle I, k_2 sei der Verrechnungssatz der Kostenstelle II)

b) Ermitteln Sie die Höhe der in beiden Kostenstellen nach der Verrechnung der innerbetrieblichen Leistungen angefallenen Kosten!

Aufgabe 3)

Der Maschinenhersteller „Maschinen AG" kalkuliert mit den folgenden Normal-Gemeinkostenzuschlagssätzen (NGK-ZS):

MGK-ZS = 20 %,

FGK-ZS = 110 %,

VerwVtGK-ZS = 2,5 %.

Die Ist-Einzelkosten entsprechen den Normal-Einzelkosten. In einem BAB sollen nun für das vergangene Quartal Abweichungen bei der Kalkulation der Gemeinkosten festgestellt werden.

Die Ist-Einzelkosten der Kostenstellen Material und Fertigung betragen:

Material: 2.400.000,- EUR,

Fertigung: 6.800.000,- EUR.

Die Ist-Gemeinkosten der Kostenstellen betragen:

Material: 520.000,- EUR,

Fertigung: 8.100.000,- EUR,

Verwaltung & Vertrieb: 620.000,- EUR.

a) Entwerfen Sie einen BAB, in dem Sie die Istgemeinkosten mit den Werten der Normalgemeinkostenzuschlagssätze vergleichen und Kostenüber- und -unterdeckungen feststellen können.

b) Kalkulieren Sie die Selbstkosten einer Maschine jeweils mit Ist-GKZS und mit Normal-GK-ZS! Die Materialeinzelkosten betragen 10.700,- EUR, die Fertigungseinzelkosten betragen 34.860,- EUR.

c) Welche Schlüsse können Sie aus den Differenzen ziehen?

Antworten zu den Kontrollfragen Lerneinheit 3

1. Die Aufgabe der Kostenstellenrechnung besteht in der Ermittlung von Kalkulationssätzen, die eine verursachungsgerechte Verrechnung der Gemeinkosten auf die betrieblichen Kalkulationsobjekte ermöglichen. Sie verbindet die Kostenartenrechnung und die Kostenträgerstückrechnung und liefert darüber hinaus Informationen über die Höhe der in den einzelnen Kostenstellen eines Unternehmens entstandenen Kosten.
2. Einzelkosten können den Kostenträgern (Produkten) direkt zugerechnet werden. Besteht zwischen dem Produkt und dem Verbrauch eines Produktionsfaktors eine direkte Proportionalität, so handelt es sich um Einzelkosten. Gemeinkosten können einem Kostenträger nicht direkt zugeordnet werden. Deshalb müssen die Gemeinkosten mithilfe eines BAB auf die Kostenstellen umgerechnet werden. Zwischen den Gemeinkosten und der Produktion eines Produktes besteht keine direkte Proportionalität (z.B. Kosten für die Kantine stehen in keiner direkten Verbindung zur Menge der produzierten Autos in einem Automobilwerk).
3. Die Bildung von Kostenstellen kann nach betrieblichen Funktionen, nach Verantwortungsbereichen oder nach Betriebsräumen erfolgen, je nachdem, welcher Zweck mit der Kostenstellenbildung verfolgt wird. Für eine übersichtliche Zuordnung der Gemeinkosten empfiehlt sich in der Regel die Kostenstellenbildung nach betrieblichen Funktionen (Lagerhaltung, Fertigung, Verwaltung, Vertrieb). Zum Zwecke der Kostenkontrolle ist eine Aufteilung nach Verantwortungsbereichen sehr günstig. Zur räumlichen Zuordnung werden die Kostenstellen nach den Betriebsräumen gebildet (Fertigungshalle, Lagerhalle etc.), was in der Praxis jedoch kaum angewendet wird und sich insbesondere bei einer größeren Produktpalette als unpraktikabel erweist.
4. Hauptkostenstellen charakterisieren sich dadurch, dass sie Leistungen (Produkte) erbringen, die direkt für den Absatzmarkt bestimmt sind (Montage, Fertigung etc.). Hilfskostenstellen tragen nur indirekt zur Leistungserstellung bei. Sie erbringen lediglich innerbetriebliche Leistungen für andere Kostenstellen und geben demnach auch ihre Kosten an diese ab.
5. Im BAB werden sämtliche Kosten, die den Kostenträgern nicht direkt zuordenbar sind (Gemeinkosten), nach bestimmten Kriterien oder Verteilungsschlüsseln auf die Kostenstellen verteilt. Damit soll eine möglichst verursachungsgerechte Zuordnung der Gemeinkosten auf die Kostenstellen erreicht werden. Die Gemeinkosten jeder Kostenstellen werden zu einer typischen Bezugsgröße der Kostenstelle (Einzelkosten, Fertigungsstunden etc.) ins Verhältnis gesetzt, woraus sich dann die Gemeinkostenzuschlagssätze errechnen.
6. Besondere Schwierigkeiten der Kostenverrechnung treten auf, wenn zwischen zwei oder mehreren Kostenstellen ein gegenseitiger Leistungsaustausch stattfindet. In diesem Fall kann jede leistende Kostenstelle zugleich eine empfangende Stelle sein und deshalb ihre Gesamtkosten nicht ermitteln und verteilen, bevor sie nicht mit Sekundärkosten von anderen Kostenstellen belastet wurde. Um dieses Problem zu lösen, muss eine simultane Verrechnung der Kosten sämtlicher innerbetrieblicher Leistungen erfolgen. Als Methode kommt das Gleichungsverfahren, das auch mathematisches Verfahren oder Simultanverfahren genannt wird, in Frage.
7. Vorgehensweise beim Anbauverfahren:

   1. Schritt: Die Kostenstellen werden in zwei Blöcke, die Hauptkostenstellen und die Hilfskostenstellen, eingeteilt.

2. Schritt: Die gesamten Kosten der Hilfskostenstelle werden durch die gesamte Leistung der Hilfskostenstelle dividiert, woraus sich der Verrechnungssatz für die innerbetriebliche Leistung ergibt.

3. Schritt: Die Hauptkostenstellen werden mit dem Produkt aus der in Anspruch genommenen Leistung und dem Verrechnungssatz der Hilfskostenstelle kostenmäßig belastet.

8. Vorgehensweise beim Treppenverfahren:

   1. Schritt: Die Hilfskostenstellen werden im BAB so angeordnet, dass keine vorgelagerte Hilfskostenstelle von einer nachgeordneten Hilfskostenstelle beliefert wird.

   2. Schritt: Der Verrechnungssatz der ersten Hilfskostenstelle berechnet sich, indem die gesamten Kosten durch die erbrachte Leistung dividiert werden.

   3. Schritt: Alle Kostenstellen werden anteilsmäßig mit den Kosten der ersten Hilfskostenstelle belastet.

   4. Schritt: Der Verrechnungssatz der zweiten Hilfskostenstelle errechnet sich wie in 2. plus den verrechneten Kosten der vorgelagerten Hilfskostenstelle.

9. Vorgehensweise beim Gleichungsverfahren:

   1. Schritt: Es müssen mathematische Gleichungen formuliert werden, die das gegenseitige Abhängigkeitsverhältnis der Kosten der Kostenstelle ausdrücken.

   2. Schritt: Eine Unbekannte der ersten Gleichung wird isoliert.

   3. Schritt: Der Gegenwert der isolierten Unbekannten wird in die nächste Gleichung eingesetzt.

   4. Schritt: Hier wird nach der verbleibenden Unbekannten aufgelöst, die einem reellen Wert entspricht (Wert der ersten Unbekannte).

   5. Schritt: Das Ergebnis aus 4. wird in die 1. Gleichung (2.) eingesetzt. Das Ergebnis entspricht dem Wert der zweiten Unbekannten.

10. Kostenabweichungen von der Normalkostenrechnung zur Istkostenrechnung werden im BAB durch eine Vergleichsrechnung mit den Normalkosten-Zuschlagssätzen und den Istkosten-Zuschlagssätzen festgestellt. Starke Kostenabweichungen über längere Zeiträume führen zu einer Nachkalkulation der Normalkostenzuschlagssätze.

Lösungen zum Prüfungstraining Lerneinheit 3

Lösung - Aufgabe 1)

Kostenart	E-Werk	Reparatur-werkstatt	Material	Fertigung	Verwal-tung	Vertrieb
Summe der primären Ist-GK:	10.000,-	5.000,-	30.000,-	60.000,-	10.000,-	15.000,-
Umlage E-Werk:	→	1.000,-	2.000,-	6.000,-	800,-	200,-
Umlage Reparatur:		6.000,- →	1.800,-	4.200,-		
Summe GK der Haupt-Kostenstellen:			33.800,-	70.200,-	10.800,-	15.200,-
Zuschlagsbasis Einzelkosten:			60.000,-	130.000,-		
Ist-GK-Zuschlagsatz:			56,33 %	54 %	3,67 %	5,76 %

Anmerkungen zu der Lösung:

Verrechnungssatz Strom = prim. GK Strom / Summe Stromverbrauch

Verrechnungssatz Strom = 10.000,- EUR / 100.000 kWh

Verrechnungssatz Strom = 0,1 EUR/ kWh

Verrechnungssatz Reparatur = (prim. GK Reparatur + sek. GK Strom) / Summe Reparaturstunden

Verrechnungssatz Reparatur = 6.000,- EUR / 100 h

Verrechnungssatz Reparatur = 60,- EUR / h

Verwaltungsgemeinkostenzuschlagssatz:

Die Herstellkosten der Fertigung berechnen sich als Summe aller GK der Hauptkostenstellen + Summe der Einzelkostenstellen.

Vertriebsgemeinkostenzuschlagssatz:

Zuschlagsbasis sind die Herstellkosten der Umsätze, hier (in EUR):

Herstellkosten der Periode:	294.000,-
- Bestandsmehrung UE/FE:	30.000,-
= Herstellkosten des Umsatzes:	264.000,-

Lösung - Aufgabe 2)

a) Zuerst müssen die Gleichungen für die Kosten der Kostenstellen aufgestellt werden:

1. Gleichung: Kostenstelle I

12.000,- [EUR] + 1.000 [y] * k_2 [EUR/y] = 60.000 [x] * k_1 [EUR/x]

2. Gleichung: Kostenstelle II

22.000,- [EUR] + 10.000 [x] * k_1 [EUR/x] = 8.000 [y] * k_2 [EUR/y]

Auflösen der 1. Gleichung nach R:

12.000 [EUR] + 1.000 [y] * k_2 [EUR/y] = 60.000 [x] * k_1 [EUR/x]

⇔ 1.000 [y] * k_2 [EUR/y] = 60.000 [x] * k_1 [EUR/x] – 12.000 [EUR]

⇔ k_2 [EUR/y] = (60.000 [x] * k_1 [EUR / x] – 12.000 [EUR]) / 1000 [y]

Kürzen der Einheiten:

k_2 [EUR/y] = (60.000 * k_1 [EUR] – 12.000 [EUR]) / 1.000 [y]

⇔ k_2 [EUR/y] = 60 * k_1 [EUR/y] – 12 [EUR/y]

Einsetzen von R in die 2. Gleichung:

22.000,- [EUR] + 10.000 [x] * k_1 [EUR/x] = 8.000 [y] * k_2 [EUR/y]

⇔ 22.000,- [EUR] + 10.000 [x] * k_1 [EUR/x] = 8.000 [y] * (60 * W [EUR/y] – 12,- [EUR/y])

⇔ 22.000 [EUR] + 10.000 [x] * k_1 [EUR / x] = 480.000 [y] * k_1 [EUR/y] – 96.000 [y] [EUR/y])

Kürzen der Einheiten:

22.000,- [EUR] + 10.000 [x] * k_1 [EUR/x] = 480.000 * k_1 [EUR] – 96.000,- [EUR]

⇔ 118.000,- [EUR] = 470.000,- * k_1 [EUR]

⇔ k_1 = 118.000,- [EUR] / 470.000,- [EUR]

k_1 = 0,25

W wird in die erste Gleichung eingesetzt:

k_2 [EUR/y] = 60 * k_1 [EUR/y] – 12,- [EUR/y]

⇔ k_2 [EUR/y] = 60 * 0,25 [EUR/y] – 12,- [EUR/y]

⇔ k_2 [EUR/y] = 3,- [EUR/y]

Ergebnis :

k_1 = 0,25 [EUR/x] k_2 = 3,- [EUR/y]

b) Kostenstelle I :

60.000 * [x] * 0,25 [EUR/x] = 15.000,- EUR

Kostenstelle II :

8.000 [y] * 3,- [EUR/y] = 24.000,- EUR

Lösung - Aufgabe 3)

a)

	Material	**Fertigung**	**Verwal-tung/Vertrieb**
Ist-GK	520.000,-	8.100.000,-	620.000,-
Ist-EK	2.400.000,-	6.800.000,-	17.820.000,- (HK der Fert..)
Ist-GK-ZS	21,7 %	119,1 %	3,5 %
Normal-GK-ZS	20 %	110 %	2,5 %
Normal-EK	2.400.000,-	6.800.000,-	17.160.000,- (HK der Per.)
Nomal-GK	480.000,-	7.480.000,-	429.000,-
Kosten-überdeckung			
Kosten-unterdeckung	40.000,-	620.000,-	191.000,-

(alle Werte in EUR)

b)

Vergleich der Kalkulationsschemata der Herstellungskosten Ist-GKZS vs. Normal-GKZS:

Kalkulation mit			
Ist-GK-ZS		**Normal-GK-ZS**	
MEK	10.700,00	MEK	10.700,00
MGK (21,6%)	2.321,90	MGK (20%)	2.140,00
FEK	34.860,00	FEK	34.860,00
FGK (119,1%)	41.518,26	FGK (110%)	38.346,00
HK der Fertigung	**89.400,16**	**HK der Fertigung**	**86.046,00**
VwVtGK (3,5%)	3.129,01	VwVtGK (2,5%)	2.151,15
Selbstkosten	**92.529,17**	**Selbstkosten**	**88.197,15**

(alle Werte in EUR)

c) Der Vergleich zeigt, dass die Kalkulation mit den Normalkostenzuschlagssätzen dazu führt, dass 4.332,02 EUR nicht verrechnet wurden. Setzt sich dieser Trend über einen längeren Zeitraum fort, so muss über eine Anpassung der Normalgemeinkostenzuschlagssätze nachgedacht werden.

Lerneinheit 4

Kostenträgerrechnung mit Vollkosten

In dieser Lerneinheit sollen Sie folgende Lernziele erreichen:

- die Ziele und Aufgaben der Kostenträgerrechnung verstehen,
- die Zuschlagskalkulation anwenden können,
- Vor- und Nachkalkulationen beherrschen,
- Angebotskalkulationen beherrschen,
- das Betriebsergebnis nach dem Gesamtkosten- und dem Umsatzkostenverfahren errechnen können.

4.1 Ziele und Aufgaben

In der Kostenträgerrechnung (KTR) werden den einzelnen Kostenträgern Kosten zugerechnet, die zuvor in der Kostenartenrechnung erfasst und in der Kostenstellenrechnung zum Teil weiterverrechnet wurden. In der KTR wird somit deutlich, wofür die Kosten innerhalb eines Betriebes anfallen. Die Hauptaufgabe der KTR besteht damit in der Ermittlung von Angebotspreisen und kostenrechnerischen Preisuntergrenzen. Daneben dient sie der Bestimmung interner Verrechnungspreise und hilft bei der Bewertung von Beständen an Halb- und Fertigerzeugnissen. Außerdem ermöglicht sie die Ermittlung von Perioden- und Stückerfolgen und dient der Überwachung des Unternehmungserfolgs. Damit ist sie ein wesentliches Instrument der Informationsbeschaffung für die Produktprogrammpolitik. Ein weiteres wesentliches Aufgabengebiet ist die kostenträgerbezogene Kontrolle in Form von Plan-Ist-Vergleichen und Abweichungsanalysen.

4.2 Die Kostenträgerstückrechnung

In der Kostenträgerstückrechnung werden die anteiligen Kosten auf das einzelne Erzeugnis oder auf einen bestimmten Auftrag verrechnet. Die Kalkulation lässt sich als Vor- oder Nachkalkulation durchführen.

Mithilfe der Kostenträgerstückrechnung können z.B. folgende Fragen beantwortet werden:

- Zu welchem Mindestpreis muss ein Produkt angeboten werden, damit alle Kosten gedeckt sind?
- Welcher Erlös muss für ein Produkt erzielt werden, damit ein gewünschter Gewinn erwirtschaftet wird?

- Wie hoch dürfen die Materialkosten, die Fertigungskosten, die Herstellkosten usw. maximal sein, damit das Produkt zu dem von der Konkurrenz angebotenen Preis verkauft werden kann?
- Deckt der auf der Vorkalkulation basierende Angebotspreis die tatsächlichen Kosten, die über die Nachkalkulation festgestellt werden?
- Mit welchem Wert sind die Inventurbestände an unfertigen, fertigen Erzeugnissen sowie innerbetrieblichen Eigenleistungen in der Schlussbilanz zu bewerten?

Zur Beantwortung dieser Fragen bietet die Kostenträgerstückrechnung verschiedene Kalkulationsverfahren an.

Die Frage, welches Kalkulationsverfahren zweckmäßig ist, hängt von der Art und Tiefe des Fertigungsprogramms ab. Unabhängig vom Kalkulationsverfahren ist die Frage zu beantworten, ob mit Ist-, Normal- oder Plankosten kalkuliert werden soll.

4.2.1 Die Divisionskalkulation

Das in der Handhabung einfachste Kalkulationsverfahren stellt die Divisionsrechnung dar. Bei ihr werden die Kosten je Kostenträgereinheit ermittelt, indem man die gesamten Kosten einer Rechnungsperiode durch die Zahl der erstellten Leistungseinheiten des Kostenträgers dividiert. Nach der Zahl der berücksichtigten Produktionsstufen unterscheidet man zwischen einstufiger und mehrstufiger Divisionsrechnung. Ferner kann man nach der Zahl der erstellten Produktarten zwischen einfacher und mehrfacher (simultaner) Divisionsrechnung differenzieren. Grundsätzlich liefert die Divisionskalkulation nur in einem Einproduktunternehmen zuverlässige Ergebnisse.

4.2.1.1 Die summarische, einstufige Divisionskalkulation

In dieser einfachsten Form werden die Selbstkosten pro Stück dadurch ermittelt, dass die Gesamtkosten durch die produzierte Menge dividiert werden. Die Gesamtkosten werden lediglich als Summe betrachtet, eine nähere Differenzierung der Kostenarten findet nicht statt. Es wird dabei angenommen, dass die abgesetzte Menge der produzierten Menge entspricht.

Damit die summarische, einstufige Divisionskalkulation zuverlässige Ergebnisse liefert, müssen jedoch folgende Voraussetzungen erfüllt sein:

- Es muss sich um ein Einproduktunternehmen handeln (völlig gleichartige Produkte).
- Die Produktionsmenge muss mit der Absatzmenge der Periode übereinstimmen. Es dürfen also keine Bestandsänderungen an Fertigerzeugnissen auftreten.
- Es muss synchrone Fertigung vorliegen, d.h. es darf keine Änderung in der Höhe der Zwischenlagerbestände gegenüber dem Anfang der Periode stattfinden.

Einstufige Divisionskalkulation:

$$k = K / x$$

K = Gesamtkosten einer Periode
x = gesamte in dieser Periode produzierte Menge
k = Stückkosten (Selbstkosten)

Die einstufige Divisionskalkulation wird hauptsächlich in Unternehmen wie Elektrizitätswerken, Wasserwerken, Mühlen, Ziegeleien oder in der Grundstoffindustrie angewendet.

Beispiel:

Ein Elektrizitätswerk erzeugt 60 Mio kWh Strom. Die Gesamtkosten betragen dabei 6 Mio EUR.

k = K / x

k = 6.000.000,- EUR / 60.000.000 kWh

k = 0,1 EUR / kWh

Die Selbstkosten pro Stück (Kilowattstunde) betragen 0,1 EUR.

4.2.1.1.1 Die differenzierende, einstufige Divisionskalkulation

Die differenzierende, einstufige Divisionskalkulation unterscheidet sich von der summarischen Divisionskalkulation lediglich darin, dass nicht die Gesamtkosten durch die Ausbringungsmenge dividiert werden, sondern die Stückkosten für einzelne Kostengruppen ermittelt werden.

Prüfungstraining: differenzierende, einstufige Divisionskalkulation

Die Kosten für die Produktionsmenge von 5.000 Stück setzen sich wie folgt zusammen:

Materialkosten:	60.000,- EUR
Personalkosten:	40.000,- EUR
Abschreibungen:	20.000,- EUR
Gesamtkosten:	**120.000,- EUR**

a) Berechnen Sie die Stückkosten entsprechend der differenzierenden, einstufigen Divisionskalkulation!

b) Was sind die Vorteile der differenzierenden, einstufigen Divisionskalkulation gegenüber der summarischen Divisionskalkulation?

Lösung:

a)

Als Stückkosten ergeben sich:

Materialkosten:	60.000 EUR / 5.000 St =	12,- EUR/St.
Personalkosten:	40.000 EUR / 5.000 St =	8,- EUR/St.
Abschreibungen:	20.000 EUR / 5.000 St =	4,- EUR/St.
Stückkosten		**24,- EUR/St.**

b) Summarische und differenzierende Divisionskalkulation führen zum gleichen Ergebnis. Die differenzierende Divisionskalkulation bietet lediglich den Vorteil, dass die Stückkosten je Kostenart bekannt sind und somit kontrolliert werden können.

4.2.1.1.2 Die zweistufige Divisionskalkulation

Bei der zweistufigen Divisionskalkulation werden Lagerbestandsveränderungen an fertigen Erzeugnissen berücksichtigt. Die Selbstkosten werden dabei in Herstellkosten und Verwaltungs- und Vertriebskosten aufgeteilt. Die Herstellkosten werden durch die gesamte Produktionsmenge dividiert. Da angenommen wird, dass die Verwaltungs- und Vertriebskosten hauptsächlich durch den Absatz (Werbung, Vertreter, Provisionen etc.) verursacht sind, werden die Verwaltungs- und Vertriebskosten durch die Absatzmenge dividiert.

$$k = HK / x_{prod} + (VwK + VtK) / x_{absatz}$$

k = Stückkosten
HK = gesamte Herstellkosten
VwK = gesamte Verwaltungskosten
VtK = gesamte Vertriebskosten
x_{prod} = Produktionsmenge
x_{absatz} = Absatzmenge

Prüfungstraining: zweistufige Divisionskalkulation

Ein Unternehmen hat im ersten Quartal eine Produktionsmenge von 10.000 Stück. Die Absatzmenge dieses Quartals liegt bei 8.000 Stück. Die Gesamtkosten des Quartals betragen 100.000,- EUR, wovon 20.000,- EUR auf die Verwaltungs- und Vertriebskosten entfallen.

Wie hoch sind die Stückkosten?

Lösung:

Herstellkosten = Selbstkosten – Verwaltungs- und Vertriebskosten

$k = HK / x_{prod} + (VwK + VtK) / x_{absatz}$

k = 80.000,- EUR / 10.000 Stück + 20.000,- EUR / 8.000 Stück

k = 10,50 EUR

Die Selbstkosten pro Stück betragen 10,50 EUR.

4.2.1.2 Die mehrstufige Divisionskalkulation

Die mehrstufige Divisionskalkulation sollte in Einproduktunternehmen verwendet werden, wenn:

- das Produkt mehrere Fertigungsstufen durchläuft,
- Mengen von unfertigen Erzeugnissen nach einzelnen Fertigungsstufen zwischengelagert werden, d.h. die gesamte Produktionsmenge einer Periode nicht mit der Menge der Fertigerzeugnisse am Ende der Periode übereinstimmt.

Bei der mehrstufigen Divisionskalkulation werden nicht nur Lagerbestandsveränderungen von fertigen Erzeugnissen, sondern auch von unfertigen Erzeugnissen berücksichtigt. Dies hat den großen Vorteil, dass nur die Kosten auf die Produktionsmengen umgelegt werden, von denen sie auch verursacht wurden.

Die Stückkosten errechnen sich, indem die Kosten jeder Kostenstelle durch die Produktionsmenge der Kostenstelle dividiert und dann aufsummiert (kumuliert) werden.

$$k_{kum} = K_A / x_A + K_B/x_B + K_C/x_{C.....}$$

k_{kum} = kumulative Selbstkosten pro Stück
K_A = Herstellkosten in der Kostenstelle A
K_B = Herstellkosten in der Kostenstelle B
K_C = Herstellkosten in der Kostenstelle C

x_A = Produktionsmenge in der Kostenstelle A
x_B = Produktionsmenge in der Kostenstelle B
x_C = Produktionsmenge in der Kostenstelle C

Prüfungstraining: mehrstufige Divisionskalkulation

In einem Chemieunternehmen durchläuft ein Düngerstoff drei Produktionsstufen. In der ersten Produktionsstufe werden 400 t des Düngerstoffes verarbeitet. Als Output werden 300 t an die zweite Stufe weitergegeben. Diese produziert damit einen Output von 200 t. Nach der Stufe 2 werden 20 t als Reserve gelagert. 180 t werden weiterverarbeitet und ergeben in der dritten Stufe 160 t des Endproduktes.

Die Kosten der ersten Stufe betragen 30.000,- EUR, die Kosten der zweiten Stufe 60.000,- EUR und die Kosten der dritten Stufe betragen 40.000,- EUR. Die Inputmenge des Rohstoffes wird zu einem Preis von 60,- EUR/t eingekauft.

Wie hoch sind die kumulativen Selbstkosten (k) pro Tonne je Stufe und insgesamt?

Lösung:

Stufe	Selbst-kosten	Input	Output	kum. Selbst-kosten gesamt	kum. Selbst-kosten je t
Einkauf	24.000,-	400t		24.000,-/400t =	60,00 /t
I	30.000,-	400t	300t	54.000,-/300t =	180,00 /t
II	60.000,-	300t	200t – 20t[1]	114.000,-/200t = (– 11.400,-)	570,00 /t
III	40.000,-	180t	160t	142.600,-/160t =	891,25 /t

(in EUR)

[1] = 20 t gehen ins Lager

Die kumulativen Selbstkosten pro Tonne betragen 891,25 EUR.

4.2.2 Die Äquivalenzziffernkalkulation

Bei der Äquivalenzziffernkalkulation handelt es sich um eine Divisionskalkulation im weiteren Sinne. Im Gegensatz zur Divisionskalkulation setzt ihre Anwendung kein Einproduktunternehmen voraus. Die Produkte sollten jedoch eine ähnliche Kosten- und Fertigungsstruktur aufweisen (z.B. Röhren mit verschiedener Länge, verschiedene Flaschengrößen etc.), sodass sich kostenrechnerische Unterschiede mit Hilfe von Verhältniszahlen ausdrücken lassen. Die Verhältniszahlen sollen die anteilige Kostenverursachung der verschiedenen Produktarten erfassen. Dies ist allerdings nur möglich, wenn die verschiedenen Kosten verursachenden Produkte in einer proportionalen Beziehung zueinander stehen.

Die Kalkulation mit Äquivalenzziffern kann einstufig oder mehrstufig erfolgen. Bei der einstufigen Äquivalenzziffernrechnung werden die Kosten entsprechend einer Kostenart auf die Kostenträger umgelegt. Bei der mehrstufigen Rechnung werden die Verhältnisse von mehreren Kostenarten der Kalkulation zugrunde gelegt.

4.2.2.1 Die einstufige Äquivalenzziffernkalkulation

Rechnerisch werden die Selbstkosten für das einzelne Erzeugnis bei der einstufigen Äquivalenzziffernkalkulation durch die folgende Vorgehensweise ermittelt:

1. Die Produktionsmengen der Produktarten werden mit der entsprechenden Äquivalenzziffer in die Menge einer sog. Einheitssorte umgewandelt. Die Einheitssorte spiegelt die kostenmäßige Vereinheitlichung der verschiedenen Produktarten wider.
2. Die Gesamtkosten werden durch die gesamte Menge der Einheitssorte dividiert. Es ergeben sich die Sückkosten der Einheitssorte.
3. Diese Kosten werden mit der jeweiligen Verhältniszahl multipliziert, um die Stückselbstkosten je Produktart zu erhalten.

Prüfungsvorbereitung: Äquivalenzziffernkalkulation – einstufig

Eine Ziegelei stellt drei verschiedene Sorten von Ziegeln her. Die Kosten stehen in einem Verhältnis von 0,5 : 1,0 : 1,5. Im Januar werden von der Sorte A 30.000 Stück, von der Sorte B 40.000 Stück und von der Sorte C 50.000 Stück gebrannt. Die Gesamtkosten der Rechnungsperiode betragen 600.000,- EUR.

Ermitteln Sie die Kosten pro Ziegelsorte?

Lösung:

Zunächst werden die Produktionsmengen der verschiedenen Ziegelsorten mithilfe der Äquivalenzziffern in eine Einheitssorte umgerechnet.

Sorte A: 30.000 St. * 0,5 = 15.000 St.

Sorte B: 40.000 St. * 1,0 = 40.000 St.

Sorte C: 50.000 St. * 1,5 = 75.000 St.

Gesamtmenge: 130.000 St.

Anschließend werden die Gesamtkosten durch die Menge der Einheitssorte dividiert.

600.000,- EUR / 130.000 St. = 4,62 EUR/St.

Die Selbstkosten je Stück werden ermittelt, indem die Stückkosten der Einheitssorte mit der jeweiligen Äquivalenzziffer multipliziert werden.

Sorte A: 4,62 EUR/St. * 0,5 = 2,31 EUR/St.

Sorte B: 4,62 EUR/St. * 1,0 = 4,62 EUR/St.

Sorte C: 4,62 EUR/St. * 1,5 = 6,93 EUR/St.

Mit diesen Werten können nun die Gesamtkosten je Ziegelsorte errechnet werden.

Sorte A: 30.000 St. * 2,31 EUR/St. = 69.300,- EUR

Sorte B: 40.000 St. x 4,62 EUR/St. = 184.800,- EUR

Sorte C: 50.000 St. x 6,93 EUR/St. = 346.500,- EUR

4.2.2.2 Die mehrstufige Äquivalenzziffernkalkulation

Bei der mehrstufigen Äquivalenzziffernrechnung werden mehrere Kostenarten auf den Kostenträger in differenzierter Weise verrechnet.

Prüfungstraining: Äquivalenzziffernkalkulation - mehrstufig

Die Holz AG fertigt drei verschiedene Arten von Holzverkleidungen, die sich in ihrer Qualität erheblich unterscheiden, da Material und Fertigung unterschiedlich intensiv sind. Der Herstellungsprozess ist an sich gleich!

Holzverkleidung	Material/m²	Durchlaufzeit/m²	Herstellmenge (in m²)
A1	1,5 kg	10 min.	8.000
A2	2 kg	15 min.	4.000
A3	3 kg	20 min.	4.000

Die Kosten der Rechnungsperiode belaufen sich in den einzelnen Kostenstellen auf:

Material: 256.000,- EUR,

Fertigung: 220.000,- EUR.

Berechnen Sie die Herstellkosten pro Stück der drei Arten!

Lösung:

Verteilung der Kosten der Kostenstelle „Material":

Holzverkleidung	Material/m² (ÄZ)	Menge (in m²)	Rechenmenge:
A1	1,5 kg	8.000	12.000
A2	2 kg	4.000	8.000
A3	3 kg	4.000	12.000
			32.000

Materialkosten / Rechenmenge = Kosten pro Recheneinheit Material

256.000,- EUR / 32.000 = 8,- EUR

Holzverkleidung	ÄZ Material	Materialkosten/m²
A1	1,5	12,- EUR
A2	2	16,- EUR
A3	3	24,- EUR

Verteilung der Kosten der Kostenstelle „Fertigung":

Holzverkleidung	Zeit/m²	ÄZ	Menge (in m²)	Rechenmenge:
A1	10 min.	1	8.000	8.000
A2	15 min.	1,5	4.000	6.000
A3	20 min.	2	4.000	8.000
				22.000

Materialkosten / Rechenmenge = Kosten pro Recheneinheit Fertigung

220.000,- EUR / 22.000 = 10,- EUR

Holzverkleidung	ÄZ Fertigung	Fertigungskosten/m²
A1	1	10,- EUR
A2	1,5	15,- EUR
A3	2	20,- EUR

Die gesamten Herstellkosten betragen damit:

Holzverkleidung	Materialkosten/m²	Fertigungs-kosten/m²	Herstellkosten/m²
A1	12,- EUR	10,- EUR	22,- EUR
A2	16,- EUR	15,- EUR	31,- EUR
A3	24,- EUR	20,- EUR	44,- EUR

4.2.3 Die Kuppelproduktkalkulation

Kuppelprodukte treten hauptsächlich in der Chemieindustrie auf und charakterisieren sich dadurch, dass sie aufgrund technischer Gegebenheiten gemeinsam anfallen. So entstehen zum Beispiel Koks, Gas, Teer und Benzol als Kuppelprodukte in den Kokereien oder Roheisen, Gichtgas und Schlacke in den Hochöfen. Durch die gegenseitige Abhängigkeit der Produkte ist eine einzelne Kostenzuordnung zu den Kuppelprodukten nicht möglich. Da sich bei der Kuppelproduktion die Kosten nicht verursachungsgerecht verteilen lassen, greift hier das Prinzip der Kostentragfähigkeit.

4.2.3.1 Restwertrechnung (Subtraktionsverfahren)

Die Restwertrechnung lässt sich anwenden, wenn nur ein Hauptprodukt erzeugt wird. Ein Hauptprodukt charakterisiert sich dadurch, dass die Produktion hauptsächlich auf die Erzeugung dieses Produktes ausgerichtet ist. Die anderen Produkte (Nebenprodukte) fallen unvermeidlich an (z.B. ist es der Hauptzweck von Kokereien Koks herzustellen, Teer entsteht als Produkt der chemischen Reaktionen bei der Kokserstellung).

Bei der Restwertrechnung werden von den Gesamtkosten der Produktion die Verkaufserlöse der Nebenprodukte abgezogen. Die restlichen Kosten werden dem Hauptprodukt zugerechnet (Prinzip der Kostentragfähigkeit).

Prüfungstraining: Kuppelproduktkalkulation: Subtraktionsverfahren

Im ersten Quartal fallen für das Hauptprodukt A und die Nebenprodukte B und C Gesamtkosten in Höhe von 1.000.000,- EUR an. Für die beiden Nebenprodukte werden jeweils Verkaufserlöse in Höhe von 100.000,- EUR erzielt.

Wie hoch sind die Selbstkosten des Hauptproduktes A nach der Restwertrechnung?

Lösung:

Selbstkosten Hauptprodukt A =

Gesamtkosten – Verkaufserlös (Nebenprodukt B) – Verkaufserlöse (Nebenprodukte C)

Selbstkosten Hauptprodukt A =

1.000.000,- EUR – 100.000,- EUR – 100.000,- EUR = 800.000,- EUR

4.2.3.2 Marktpreisverfahren

Ist keine eindeutige Unterscheidung zwischen Haupt- oder Nebenprodukten möglich, so ist die Anwendung der Restwertrechnung nicht sinnvoll. Eine Methode zur Verteilung der Kosten stellt das Marktpreisverfahren dar. Bei diesem Verfahren werden entsprechend der Verhältniszahl aus der Relation Gesamtkosten und Gesamtumsatz den jeweiligen Produkten die Kosten zugeordnet. Somit bestimmt hier nicht das Verursachungsprinzip die Kostenrechnung, sondern das Tragfähigkeitsprinzip.

Prüfungstraining: Kuppelproduktkalkulation: Marktpreisverfahren

Ein Unternehmen stellt die drei Kuppelprodukte A, B und C her.

Produkt	A	B	C
Menge	5.000 kg	4.000 kg	4.000 kg
Marktpreis	20,- EUR/kg	15,- EUR/kg	10,- EUR/kg

Die Gesamtkosten der Periode betragen 120.000,- EUR.

Wie verteilen sich die Kosten auf die einzelnen Produktarten?

Lösung:

Zunächst wird der Umsatz für jedes Produkt errechnet:

Produkt	Menge	Marktpreis	Umsatz
A	5.000 kg	20,- EUR/kg	100.000,-
B	4.000 kg	15,- EUR/kg	60.000,-
C	4.000 kg	10,- EUR/kg	40.000,-
			200.000,-

Die Kosten werden in das Verhältnis zum gesamten Umsatz gesetzt:

120.000,- EUR / 200.000,- EUR = 0,6

Nach der Verhältniszahl werden dann die Kosten je Produkt bestimmt:

Produkt	Menge	Marktpreis	Umsatz	Kosten	Stück-kosten
A	5.000 kg	20,- EUR/kg	100.000,-	60.000,-	12,-
B	4.000 kg	15,- EUR/kg	60.000,-	36.000,-	9,-
C	4.000 kg	10,- EUR/kg	40.000,-	24.000,-	6,-
			200.000,-	120.000,-	(in EUR)

Die Stückkosten errechnen sich, indem der Marktpreis mit der Verhältniszahl multipliziert wird.

Prüfungstipp: Die verschiedenen Kalkulationsverfahren sind ein sehr beliebter Prüfungsstoff, weshalb Sie die einzelnen Verfahren gut beherrschen sollten.

4.2.4 Die differenzierende Zuschlagskalkulation

Die Anwendung der Divisionskalkulation oder Äquivalenzziffernkalkulation beruht auf der Bedingung, dass es sich um gleiche oder sehr ähnliche Kalkulationsobjekte handelt. Die meisten Betriebe fertigen jedoch verschiedenartige Erzeugnisse in unterschiedlichen Arbeitsabläufen (Einzel-, Serien-, Massenfertigung etc.). Dabei fallen Kosten in völlig unterschiedlichem Umfang an. In diesem Falle ist die Zuschlagskalkulation, neben der Maschinenstundensatzrechnung, das geeignete Kalkulationsverfahren.

Während die Einzelkosten (Fertigungsmaterial, Fertigungslöhne, Sondereinzelkosten) jedem Kostenträger direkt zugeschlagen werden können, müssen die Gemeinkosten mithilfe von Zuschlagssätzen verursachungsgerecht auf die Kostenträger verteilt werden.

Aufbauend auf die Kostenstellenrechnung sollen folgende Zuschlagsgrundlagen für die Gemeinkosten gewählt werden:

Gemeinkosten	Zuschlagsgrundlage
Materialgemeinkosten	Materialeinzelkosten
Fertigungsgemeinkosten	Fertigungseinzelkosten
Verwaltungsgemeinkosten	Herstellkosten
Vertriebsgemeinkosten	Herstellkosten

Dadurch ergibt sich das nachfolgende Kalkulationsschema:

(1)		Materialeinzelkosten (MEK)		..... EUR	
(2)	+	Materialgemeinkosten (MGK)	(in % von 1)	..... EUR	
(3)		**Materialkosten (MK)**	(1+2)		.... EUR
(4)	+	Fertigungseinzelkosten (FEK)		.... EUR	
(5)	+	Fertigungsgemeinkosten (FGK)	(in % von 4)	.... EUR	
(6)	+	Sondereinzelkosten der Fertigung (SEKF)		.... EUR	
(7)		**Fertigungskosten (FK)**	(4 + 5 + 6)		.... EUR
(8)		**Herstellkosten (HK)**	(3 + 7)		.... EUR
(9)	+	Verwaltungsgemeinkosten (VwGK)	(in % von 8)	.... EUR	
(10)	+	Vertriebsgemeinkosten (VtGK)	(in % von 8)	.... EUR	
(11)	+	Sondereinzelkosten des Vertriebs (SEKVt)			.... EUR
(12)		**Selbstkosten (SK)**	(8+9+10+11)		.... EUR

Prüfungstraining: Zuschlagskalkulation

Der Möbelhersteller „Möbel AG“ kalkuliert den Brutto-Listenverkaufspreis für einen Schreibtisch. Pro Schreibtisch entstehen Einzelkosten für Material in Höhe von 400,- EUR und für die Fertigung (Fertigungslöhne) in Höhe von 200,- EUR.

Das Unternehmen rechnet mit folgenden Gemeinkostenzuschlagssätzen (GK-ZS):

MGK-ZS	=	5 %
FGK-ZS	=	100 %
VwGK-ZS	=	10 %
VtGK-ZS	=	15 %

Berechnen Sie die Selbstkosten!

Lösung:

Das obige Schema wird zur Preisermittlung angewendet:

				EUR	Summe
(1)		MEK		400,-	
(2)	+	MGK	(in % von 1)	20,-	
(3)		**MK**	**(1+2)**		420,-
(4)	+	FEK		200,-	
(5)	+	FGK	(in % von 4)	200,-	
(6)	+	SEKF		0,-	
(7)		**FK**	(4 + 5 + 6)		400,-
(8)		**HK**	(3 + 7)		820,-
(9)	+	VwGK	(in % von 8)	82,-	
(10)	+	VtGK	(in % von 8)	123,-	
(11)		**SK**	(8+9+10)		1025,-

4.2.4.1 Vergleich Vorkalkulation - Nachkalkulation

Möchte der Unternehmer wissen, ob der Angebotspreis aufgrund der Vorkalkulation die tatsächlichen Kosten des Produktes deckt, so ist ein Soll-Ist-Vergleich auf Stückkostenbasis durchzuführen. Der Ist-Vergleich (Nachkalkulation) findet auf der Basis der Ist-Kosten statt. Ergeben sich in der Nachkalkulation Kostenüber- bzw. Kostenunterdeckungen, so besteht das Problem, dass der Angebotspreis zu hoch oder zu niedrig angesetzt wurde.

Prüfungstraining: Vorkalkulation - Nachkalkulation

Ein Maschinenbauunternehmen kalkuliert die Kosten und den Preis einer Maschine mit den folgenden Kalkulationsdaten und Normalkostenzuschlagssätzen:

Fertigungsmaterial: 10.000,- EUR,
Fertigungslöhne: 4.000,- EUR.

Der Betrieb rechnet mit folgenden Sätzen:

MGK-ZS	= 30 %
FGK-ZS	= 100 %
VwGK-ZS	= 20 %
VtGK-ZS	= 10 %
Gewinnzuschlag	= 20 %

Am Ende der Rechnungsperiode weist der Betriebsabrechnungsbogen folgende Werte (Ist-Kosten) auf:

Materialgemeinkosten: 3.500,- EUR,
Fertigungsgemeinkosten: 4.800,- EUR,
Verwaltungsgemeinkosten: 5.600,- EUR,
Vertriebsgemeinkosten: 1.000,- EUR.

Führen Sie die Vor- und Nachkalkulation durch!

Lösung:

In der Vorkalkulation ergibt sich der folgende Angebotspreis in EUR:

	Materialeinzelkosten	10.000,00 EUR
+	Materialgemeinkosten	3.000,00 EUR
+	Fertigungseinzelkosten	4.000,00 EUR
+	Fertigungsgemeinkosten	4.000,00 EUR
	Herstellkosten	**21.000,00 EUR**
+	Verwaltungsgemeinkosten	4.200,00 EUR
+	Vertriebsgemeinkosten	2.100,00 EUR
	Selbstkosten	**27.300,00 EUR**
+	Gewinnzuschlag	5.460,00 EUR
	Angebotspreis	**32.760,00 EUR**

Die Nachkalkulation mit den Ist-Kosten ergibt:

	Materialeinzelkosten	10.000,00 EUR
+	Materialgemeinkosten	3.500,00 EUR
+	Fertigungseinzelkosten	4.000,00 EUR
+	Fertigungsgemeinkosten	4.800,00 EUR
	Herstellkosten	**22.300,00 EUR**
+	Verwaltungsgemeinkosten	5.600,00 EUR
+	Vertriebsgemeinkosten	1.000,00 EUR
	Selbstkosten	**28.900,00 EUR**
+	Gewinnzuschlag	5.780,00 EUR
	(Ist-Vergleich) Angebotspreis	**34.680,00 EUR**

Der Angebotspreis der Nachkalkulation ist um 1.920,- EUR höher als der am Markt realisierte Angebotspreis. Dies bedeutet, dass der Preis der Vorkalkulation zu niedrig angesetzt worden ist. Mit dem Preis können zwar auch die tatsächlich angefallenen Selbstkosten des Produktes abgedeckt werden, in der Nachkalkulation wird jedoch deutlich, dass die angestrebte Gewinnspanne von 20 % aufgrund der zu niedrig angesetzten Normalgemeinkostenzuschlagssätze nicht erreicht wird. Besonders kritisch wird eine ungenaue Vorkalkulation dann, wenn der Preis der Vorkalkulation die tatsächlich anfallenden Ist-Kosten nicht mehr abdeckt.

4.2.5 Maschinenstundensatzrechnung

In der Zuschlagskalkulation werden die Fertigungsgemeinkosten auf die Fertigungslöhne bezogen. Diese Vorgehensweise führt bei überwiegend manuellen Produktionsverfahren zu verursachungsgerechten Zuschlagssätzen.

Werden Produkte aufgrund zunehmender Rationalisierung und Automatisierung jedoch überwiegend mithilfe maschineller Anlagen hergestellt, verlieren die Fertigungslöhne als Bezugsgröße für die Fertigungsgemeinkosten an Bedeutung. In diesen Fällen empfiehlt es sich, die Maschinen als selbstständige Kostenstellen zu behandeln und die maschinenabhängigen Kosten aus den gesamten Fertigungskosten herauszurechnen. Nur die dann verbleibenden Restgemeinkosten werden auf die Fertigungslöhne bezogen.

Folgende Kosten werden im Allgemeinen zu den maschinenabhängigen Fertigungsgemeinkosten gezählt:

- kalkulatorische Abschreibungen,
- kalkulatorische Zinsen,
- Instandhaltungskosten,
- Energiekosten,
- anteilige Raumkosten,
- maschinenabhängige Personalkosten.

Die maschinenabhängigen Fertigungsgemeinkosten einer Periode werden als Summe erfasst und anschließend durch die gesamte Stundenzahl der Maschinenlaufzeit dieser Periode dividiert. Als Ergebnis erhält man den Maschinenstundensatz.

$$\textbf{Maschinenstundensatz} = \frac{\textbf{maschinenabhängige Kosten}}{\textbf{Maschinenlaufzeit}}$$

Der Maschinenstundensatz ist die Kalkulationsgröße, die die maschinenabhängigen Kosten je nach zeitlicher Beanspruchung der Maschine dem Kostenträger zurechnet.

Prüfungstraining: Maschinenstundensatzrechnung

Die Maschinenfabrik Mannheim GmbH erwägt, ihre Betriebsabrechung auf die Maschinenstundensatzrechnung umzustellen.

Die maschinenabhängigen Kosten einer neuen Stanzpresse ergeben sich aus folgenden Daten:

Wiederbeschaffungskosten der Maschine	4.000.000,- EUR
Restwert	0,- EUR
Nutzungsdauer der Maschine	5 Jahre
Raumbedarf	200 m²
Stromverbrauch	50 kWh
Instandhaltungskosten pro Monat	2.000,- EUR
Hilfslohnkosten pro Betriebsstunde	25,- EUR
kalkulatorische Zinsen	5 % p.a.
Stromverrechnungssatz	0,25 EUR/kWh
jährliche Arbeitszeit	240 Tage, 8h/Tag
Raumkosten	10 EUR/m²/Jahr

Wie hoch ist der Maschinenstundensatz?

Lösung:

Zunächst werden die maschinenabhängigen Kosten des Jahres ermittelt.

Kalkulatorische Abschreibung:

Die kalkulatorische Abschreibung ergibt sich aus der linearen Abschreibung der Wiederbeschaffungskosten auf die Nutzungsdauer. Ziel ist die gleichmäßige Verteilung der Wiederbeschaffungskosten auf die Nutzungsdauer der Maschine.

kalk. Abschreibung = Wiederbeschaffungskosten / Nutzungsdauer

= 4.000.000,00 EUR / 5 Jahre

= 800.000,00 EUR / Jahr

Kalkulatorische Zinsen:

Die kalkulatorischen Zinsen ergeben sich durch eine Durchschnittswertverzinsung der Wiederbeschaffungskosten (i= kalkulatorischer Zinssatz).

kalk. Zinsen = (Wiederbeschaffungskosten + Restwert) / 2 * i

= (4.000.000,00 EUR/ 2) * 0,05

= 2.000.000,00 EUR * 0,05

= 100.000,00 EUR

Energiekosten:

Stromverbrauch pro Stunde: 50 kWh

Stromverbrauch des gesamten Jahres: 1.920 h * 50 kWh = 96.000 kWh

Energiekosten: 96.000 kWh * 0,25 EUR/kWh = 24.000,- EUR

Instandhaltungskosten:

2.000,00 EUR/Monat * 12 Monate = 24.000,- EUR

Raumkosten:

10,00 EUR/m²/Jahr x 200 m² = 2.000 EUR/Jahr

Hilfslohnkosten:

Zur Berechnung der Hilfslohnkosten für das ganze Jahr muss der Stundensatz für die Hilfslohnkosten mit der gesamten Maschinenlaufzeit des Jahres multipliziert werden:

1.920 h * 25,00 EUR/h = 48.000,00 EUR

Gesamte maschinenabhängige Kosten:

Zur Berechnung der maschinenabhängigen Kosten werden die einzelnen Kosten aufsummiert:

	Kalkulatorische Abschreibungen:	800.000,- EUR
+	Energiekosten:	24.000,- EUR
+	Kalkulatorische Zinsen:	100.000,- EUR
+	Instandhaltungskosten:	24.000,- EUR
+	Raumkosten:	2.000,- EUR
+	Hilfslohnkosten:	48.000,- EUR
	gesamte maschinenabhängige Kosten:	**998.000,- EUR**

Berechnung des Maschinenstundensatzes:

$$\text{Maschinenstundensatz} = \frac{\text{maschinenabhängige Kosten}}{\text{Maschinenlaufzeit}}$$

$$\text{Maschinenstundensatz} = \frac{998.000,\text{- EUR}}{1.920\text{ h}}$$

Maschinenstundensatz = 519,79 EUR/h

4.2.5.1 Betriebsabrechnungsbogen mit maschinenabhängigen Kosten

Die Kostenstellenrechnung mit Maschinenkosten entspricht bis auf einen zusätzlichen Arbeitsschritt dem bisherigen Vorgehen. Bei der Ermittlung der Fertigungsgemeinkosten werden zunächst die maschinenabhängigen Kosten herausgenommen und den einzelnen Maschinen zugerechnet. Die noch verbleibenden Rest-Fertigungsgemeinkosten werden wie bisher auf die Fertigungslöhne umgelegt.

Da die maschinenabhängigen Kosten einen Teil der Fertigungskosten ausmachen, sind sie in den Herstellkosten enthalten und sind damit auch Zuschlagsbasis für die Verwaltungs- und Vertriebsgemeinkosten.

Prüfungstraining: BAB mit maschinenabhängigen Kosten

Der Quartals-BAB einer Maschinenfabrik weist in den Hauptkostenstellen folgende Gemeinkosten auf:

Material-GK	Fertigungs-GK			Verw.- und Vertriebs-GK
	MI	MII	Rest-GK	
80.000,-	50.000,-	200.000,-	110.000,-	260.000,-

MI = Maschinengruppe I

MII = Maschinengruppe II

Aus der Finanzbuchhaltung ergeben sich für den Abrechnungszeitraum folgende Einzelkosten:

Materialverbrauch: 800.000,- EUR,

Fertigungslöhne: 220.000,- EUR.

Die Laufzeit einer Maschine beträgt im Abrechnungszeitraum 1.000 h. Die Maschinengruppe I umfasst 25 Maschinen, die Maschinengruppe II 50 Maschinen.

Es sollen nun alle Gemeinkostenzuschlagssätze und Maschinenstundensätze ermittelt werden.

Lösung:

Materialgemeinkostenzuschlag:

MGK-ZS = (MGK / MEK) * 100

= (80.000,- EUR / 800.000,- EUR) * 100

= 0,1 * 100

= 10,00 %

Maschinenstundensatz Gruppe I:

Maschinenstunden gesamt = 25 Masch. * 1.000 h/Masch. = 25.000 h

Maschinenstundensatz = maschinenabh. Gemeinkosten / Maschinenstunden

= 50.000,- EUR / 25.000 h

= 2,- EUR/h

Maschinenstundensatz Gruppe II:

Maschinenstunden gesamt = 50 Masch. * 1000 h/Masch. = 50.000 h

Maschinenstundensatz = 200.000,- EUR / 50.000 h
= 4,- EUR/h

Restgemeinkostenzuschlag:

Zuschlagsbasis für die Restgemeinkosten sind die Fertigungslöhne:

RGK-ZS = (110.000,- EUR / 220.000,- EUR) * 100
= 0,5 * 100
= 50,00 %

Verwaltungs- und Vertriebsgemeinkostenzuschlag:

Um den Verwaltungs- und Vertriebsgemeinkostenzuschlag zu berechnen, müssen erst die Herstellkosten nach dem bekannten Kalkulationsschema festgestellt werden.

	Materialeinzelkosten	800.000,- EUR
+	Materialgemeinkosten	80.000,- EUR
+	Fertigungseinzelkosten	220.000,- EUR
+	Maschinenkosten I	50.000,- EUR
+	Maschinenkosten II	200.000,- EUR
+	Fertigungsgemeinkosten (Restgemeinkosten)	110.000,- EUR
	Herstellkosten	1.460.000,- EUR

Mithilfe der Herstellkosten kann nun der Verwaltungs- und Vertriebsgemeinkostenzuschlag festgestellt werden.

VwVtGK-ZS = (VwVtGK / Herstellkosten) * 100
= (260.000,- EUR / 1.460.000,- EUR) * 100
= 17,8 %

4.2.6 Vergleich der Kalkulation mit Zuschlagssätzen und Maschinenstundensätzen

Der Maschinenstundensatz ermöglicht in einer maschinen- und anlageintensiven Produktion im Gegensatz zur reinen Zuschlagskalkulation eine verursachungsgerechtere Kostenzurechnung auf die Kostenträger und somit eine betriebswirtschaftlich genauere Preiskalkulation.

Prüfungstraining: Vergleich – Kalkulation mit Zuschlagssätzen und Maschinenstundensätzen

Bei der Möbel AG wird mit einem Fertigungsgemeinkostenzuschlag von 180 % kalkuliert. In den Fertigungsgemeinkosten sind sämtliche maschinenabhängigen Gemeinkosten enthalten. Ein Spezialauftrag, der ausschließlich die Handarbeit von zwei erfahrenen Schreinern erfordert, soll mit den üblichen Zuschlagssätzen kalkuliert werden. Der Vorkalkulation werden folgende Daten zugrunde gelegt:

Materialeinzelkosten: 200,- EUR, MGK-ZS: 20 %,

Stundenlohn je Schreiner: 30,- EUR/h,

zeitlicher Aufwand: 10 h,

VerwGK-ZS: 20 %, VertrGK-ZS: 10 %, Gewinnzuschlag: 25 %.

Controller Müller schlägt vor, die Kalkulation mit der Maschinenstundensatzrechnung durchzuführen. Er hat den Maschinenstundensatz des Fertigungsbereiches bereits kalkuliert. Er beträgt 50,- EUR/h. Der Restfertigungsgemeinkostenzuschlag beträgt 30 %.

Wie hoch ist der Angebotspreis bei der Zuschlagskalkulation und bei Kalkulation mit Maschinenstundensätzen?

Lösung:

Zuschlagskalkulation:

	MEK	200,- EUR
+	MGK (20%)	40,- EUR
+	FEK	600,- EUR
+	FGK (180%)	1.080,- EUR
	Herstellkosten	**1.920,- EUR**
+	VwGK (20%)	384,- EUR
+	VertrGK(10%)	192,- EUR
	Selbstkosten	**2.496,- EUR**
+	Gewinn (25%)	624,- EUR
	Angebotspreis	**3.120,- EUR**

Kalkulation mit Maschinenstundensätzen:

	MEK	200,00 EUR
+	MGK (20 %)	40,00 EUR
+	FEK	600,00 EUR
+	Maschinenkosten	0,00 EUR
+	Rest-FGK (30%)	180,00EUR
	Herstellkosten	**1.020,00 EUR**
+	VwGK (20 %)	204,00 EUR
+	VertrGK (10 %)	102,-00 EUR
	Selbstkosten	**1.326,00 EUR**
+	Gewinn (25%)	331,50 EUR
	Angebotspreis	**1.657,50 EUR**

Es wird deutlich, dass sich durch eine verursachungsgerechte Zuordnung der maschinenabhängigen Kosten eklatante Unterschiede in der Preiskalkulation ergeben können. In der Zuschlagskalkulation werden die maschinenabhängigen Gemeinkosten über den Fertigungsgemeinkostenzuschlag nicht verursachungsgerecht dem Kostenträger (Spezialauftrag) zugerechnet, obwohl für den Auftrag die Maschinen überhaupt nicht genutzt werden. Es ergibt sich ein Angebotspreis von 3120,- EUR. Bei der Kalkulation mit Maschinenstundensätzen errechnet sich ein mit 1657,50 EUR fast um die Hälfte niedrigerer Preis. Die Maschinenstundensatzrechnung behebt damit den Nachteil der Zuschlagskalkulation, da nur die maschinenabhängigen Gemeinkosten zeitanteilig auf den Kostenträger umgelegt werden. Eine Kalkulation nur mit den Zuschlagssätzen hätte in diesem Fall die Folge haben können, dass der Kunde den Auftrag aufgrund des hohen Preises ablehnt.

4.2.7 Die progressive Angebotskalkulation

4.2.7.1 Die progressive Angebotskalkulation in der Industrie

Ausgangspunkt für die progressive Angebotskalkulation sind die Selbstkosten, die mithilfe der Divisionskalkulation, Äquivalenzziffernrechnung, Zuschlagskalkulation oder Maschinenstundensatzrechnung errechnet worden sind. Bisher wurde in den Beispielen den Selbstkosten einfach eine Gewinnspanne hinzugerechnet. Der dann errechnete Preis wird Barverkaufspreis genannt. Um Spielraum für Kundenskonto, Kundenrabatte und Vertreterprovision zu haben, müssen diese Positionen dem Barverkaufspreis hinzugerechnet werden.

Das erweiterte Kalkulationsschema sieht deshalb folgendermaßen aus:

(1)	**Selbstkosten (SK)**		... EUR
(2)	+ Gewinnzuschlag (Gew)	(in % von 1)	... EUR
(3)	**Barverkaufpreis (BVP)**	(1 + 2)	... EUR
(4)	+ Vertreterprovision	(in % von 6)	... EUR
(5)	+ Kundenskonto	(in % von 6)	... EUR
(6)	**Zielverkaufspreis**	(3 + 4 + 5)	... EUR
(7)	+ Kundenrabatt	(in % von 8)	... EUR
(8)	**Listenverkaufspreis netto (LVPnet)**	(6 + 7)	... EUR
(9)	+ Umsatzsteuer (USt)	(in % von 8)	... EUR
(10)	**Listenverkaufspreis brutto (LVPbrut)**	(8 + 9)	... EUR

Bei der Kalkulation der Vertreterprovision, des Kundenskontos und des Kundenrabattes sind die besonderen Abhängigkeiten von den Rechengrößen zu beachten. Die Vertreterprovision und das Kundenskonto werden auf der Basis des Zielverkaufspreises berechnet. Der Kundenrabatt wird auf der Basis des Listenverkaufspreises berechnet.

Prüfungstraining: Progressive Angebotskalkulation

Der Möbelhersteller „Möbel AG“ kalkuliert den Brutto-Listenverkaufspreis für einen Schreibtisch. Pro Schreibtisch entstehen Einzelkosten für Material in Höhe von 400,- EUR und für die Fertigung (Fertigungslöhne) in Höhe von 200,- EUR.

Das Unternehmen rechnet mit folgenden Gemeinkostenzuschlagssätzen:

MGK-ZS	= 5 %
FGK-ZS	= 100 %
VerwGK-ZS	= 10 %
VtGK-ZS	= 15 %

In den Preis sollen 3 % Kundenskonto, 20 % Kundenrabatt und 10 % Gewinn einkalkuliert werden.

Die Umsatzsteuer beträgt 19 %.

Berechnen Sie den Listenverkaufspreis brutto!

Lösung:

Das gesamte Kalkulationsschema wird zur Preisermittlung angewendet (in EUR):

(1)		Materialeinzelkosten		400,-	
(2)	+	Materialgemeinkosten	(in % von 1)	20,-	
(3)		**Materialkosten**	(1+2)		420,00
(4)	+	Fertigungseinzelkosten		200,-	
(5)	+	Fertigungsgemeinkosten	(in % von 4)	200,-	
(6)		**Fertigungskosten**	(4 + 5)		400,-
(7)		**Herstellkosten**	(3 + 6)		820,-
(8)	+	Verwaltungsgemeinkosten	(in % von 7)	82,-	
(9)	+	Vertriebsgemeinkosten	(in % von 7)	123,-	
(10)		**Selbstkosten**	(7+8+9)		1025,-
(11)	+	Gewinnzuschlag	(in % von 10)	102,50	
(12)		**Barverkaufspreis**	(10 + 11)		1.127,50
(13)	+	Vertreterprovision	(in % von 15)	0,-	
(14)	+	Kundenskonto	(in % von 15)	34,87	
(15)		**Zielverkaufspreis**	(12 + 13 + 14)		1.162,37
(16)	+	Kundenrabatt	(in % von 17)	290,59	
(17)		**Listenverkaufspreis netto**	(15 + 16)		1.452,96
(18)	+	Umsatzsteuer	(in % von 17)	276,06	
(19)		**Listenverkaufspreis brutto**	(17 + 18)		1.729,02

(in EUR)

4.2.7.2 Die progressive Angebotskalkulation des Handels

Die Handelskalkulation ist eine vereinfachte Form der Zuschlagskalkulation. Auf den Bezugspreis wird ein Handlungskostenzuschlag aufgeschlagen, der die Gemeinkosten im Handelsbetrieb abdecken soll. Die damit errechneten Selbstkosten sind dann Basis für den Gewinnzuschlag, durch dessen Zurechnung sich der Angebotspreis (Barverkaufspreis) ergibt. Je nach Handelsgewerbe kann es sinnvoll sein, in den Angebotspreis auch das Kundenskonto, eine Verkäuferprovision sowie den Kundenrabatt mit einzukalkulieren. Das Kalkulationsschema hat dann, ausgehend von den Selbstkosten, die folgende Form:

	Bezugspreis
+	Handlungskostenzuschlag
	Selbstkosten
+	Gewinnzuschlag
	Barverkaufspreis
+	Vertreterprovision
+	Kundenskonto
	Zielverkaufspreis
+	Kundenrabatt
	Listenverkaufspreis netto
+	Umsatzsteuer
	Listenverkaufspreis brutto

Der Handlungskostenzuschlag in Prozent gibt das prozentuale Verhältnis der Gemeinkosten (Handlungskosten) des Handelsbetriebes zum Wert des Wareneinsatzes (Umsatz zu Einstandspreisen) an.

$$\text{Handlungskostenzuschlagssatz} = \frac{\text{Gemeinkosten} * 100}{\text{Wareneinsatz}}$$

Vom Handlungskostenzuschlagssatz ist die Handelsspanne zu unterscheiden. Während der Handlungskostenzuschlagssatz die Differenz zwischen dem Bezugspreis und den Selbstkosten wiedergibt, umfasst die Handelsspanne die Differenz zwischen Warenbezugspreis (Einstandspreis) und Angebotspreis (ohne USt).

$$\text{Handelsspanne} = \frac{(\text{Angebotspreis} - \text{Bezugspreis}) * 100}{\text{Angebotspreis}}$$

Die Handelsspanne gibt an, wie viel Prozent des Angebotspreises zur Deckung der Kosten und des Gewinns für den Handel bestimmt sind.

Für eine vereinfachte Kalkulation ist der Kalkulationsfaktor hilfreich. Der Kalkulationsfaktor ist eine Verhältniszahl, mit der man den Warenbezugspreis multiplizieren muss, um den Angebotspreis zu erhalten:

Bezugspreis * Kalkulationsfaktor = Angebotspreis

Daraus folgt:

$$\text{Kalkulationsfaktor} = \frac{\text{Angebotspreis}}{\text{Bezugspreis}}$$

Im Handel ist die Kalkulation des Verkaufspreises abhängig von den Einkaufspreisen, bei denen eventuell noch ein Rabatt oder ein Skonto erzielt werden kann. Aus diesem Grund wird der Verkaufspreis vom Einkaufspreis ausgehend kalkuliert.

Prüfungstraining: progressive Handelskalkulation

Die Handels-KG kalkuliert den Listenverkaufspreis des Fahrrades Explorer, das in der kommenden Woche angeboten werden soll. Der Listeneinkaufspreis beträgt 200,00 EUR (netto). Der Liefererrabatt beträgt 20 %, das Liefererskonto 3 % und die Bezugskosten betragen 10,- EUR/St. Die KG kalkuliert mit einem Handlungskostenzuschlagssatz von 35 %. Die Gewinnspanne soll 20 % betragen. Das Handelsunternehmen gewährt seinen Kunden ein Skonto von 3 %. Die Handelsvertreter erhalten eine Provision von 5 %. Der Rabatt an Kunden beläuft sich auf 10 %.

Berechnen Sie den Listenverkaufspreis!

Lösung:

Listeneinkaufspreis	**200,00**	**100 %**	
– 20 % Liefererrabatt	40,00	20 %	
Zieleinkaufspreis	160,00	80 %	100%
– 3 % Liefererskonto	4,80		3 %
Bareinkaufspreis	155,20		97 %
+ Bezugskosten	10,00		
Bezugspreis	165,20	100 %	
+ Handlungskosten	57,82	35 %	
Selbstkosten	223,02	135 %	100 %
+ Gewinnzuschlag	44,60		20 %
Barverkaufspreis	267,62	92 %	120 %
+ Vertreterprovision	14,54	5 %	
+ Kundenskonto	8,73	3 %	
Zielverkaufspreis	290,89	100 %	90 %
+ Kundenrabatt	32,32		10 %
Listenverkaufspreis netto	**323,21**		**100 %**

(in EUR)

4.2.8 Die retrograde Angebotskalkulation

Die retrograde Kalkulation wird angewendet, wenn der Verkaufspreis durch den Markt vorgegeben ist (z.B. durch die harte Konkurrenz auf dem Markt). Der Listenverkaufspreis wird also als gegeben betrachtet, mithilfe des Kalkulationsschemas wird dann errechnet, wie hoch der Einkaufspreis höchstens sein darf, damit das Produkt, unter Bewahrung der Gewinnmarge, noch zum Marktpreis angeboten werden kann.

Prüfungstraining: retrograde Handelskalkulation

Die Handels-KG kann den kalkulierten Verkaufspreis von 323,21 EUR/St. des Fahrrades „Explorer" (siehe vorige Aufgabe) aufgrund der harten Konkurrenz auf dem Fahrradmarkt nicht durchsetzen, der Marktpreis für das Fahrrad beläuft sich auf 280,- EUR/St.. Die Gewinnmarge von 20 % soll auf jeden Fall gehalten werden. Aus diesem Grund muss ein niedrigerer Listeneinkaufspreis ausgehandelt werden.

Wie hoch darf der Listeneinkaufspreis höchstens sein? (Es gelten die Angaben aus der vorigen Aufgabe.)

Lösung:

Listeneinkaufspreis	**169,47**	**100 %**	
- 20 % Liefererrabatt	32,25	20 %	
Zieleinkaufspreis	137,22	80 %	100%
- 3 % Liefererskonto	4,12		3 %
Bareinkaufspreis	133,10		97 %
+ Bezugskosten	10,00		
Bezugspreis	143,11	100 %	
+ Handlungskosten	50,09	35 %	
Selbstkosten	193,20	135 %	100 %
+ Gewinnzuschlag	38,64		20 %
Barverkaufpreis	231,84	92 %	120 %
+ Vertreterprovision	12,60	5 %	
+ Kundenskonto	7,56	3 %	
Zielverkaufspreis	252,00	100 %	90 %
+ Kundenrabatt	28,00		10 %
Listenverkaufspreis netto	**280,00**		**100 %**

(in EUR)

Der Listeneinkaufspreis darf maximal 169,47 EUR/St. betragen.

4.2.9 Die Differenzkalkulation

Die Differenzkalkulation wird dann angewendet, wenn sowohl der Einkaufspreis als auch der Verkaufspreis von den Märkten festgelegt sind bzw. die Verhandlungsspielräume für diese zwei Preise ausgereizt sind. Hier wird dann mit der Kalkulation überprüft, ob es überhaupt lohnenswert ist, den Artikel mit in das Sortiment aufzunehmen.

Prüfungstraining: Differenzkalkulation

Die Handels-KG möchte das Fahrrad „Explorer" in ihrem Sortiment anbieten. Aufgrund der harten Konkurrenz auf dem Fahrradmarkt darf es nicht teurer als 280,- EUR sein. Die Verhandlungen mit den Lieferanten haben einen Listeneinkaufspreis von 160,- EUR ergeben. Aufgrund des während der Verhandlungen schon stark reduzierten Einkaufspreises wird weder ein Liefererrabatt noch ein Liefererskonto gewährt. Die Bezugskosten betragen 10,- EUR, der Handlungskostenzuschlagssatz liegt bei 35 %. Die KG kalkuliert mit einer Verkäuferprovision von 5 % und einem Kundenskonto von 3 %. Sie gewährt zudem einen Kundenrabatt von 10 %.

Überprüfen Sie, ob das Produkt gewinnbringend angeboten werden kann! Die Gewinnspanne soll mindestens 20% betragen.

Lösung:

Listeneinkaufspreis	160,00		
- 0% Liefererrabatt	0,00		
Zieleinkaufspreis	160,00		
- 0 % Liefererskonto	0,00		
Bareinkaufspreis	160,00		
+ Bezugskosten	10,00		
Bezugspreis	170,00	100 %	
+ Handlungskosten	59,50	35 %	
Selbstkosten	229,50	135 %	100 %
+ Gewinnzuschlag	2,34		
Barverkaufpreis	231,84	92 %	120 %
+ Verkäuferprovision	12,60	5 %	
+ Kundenskonto	7,56	3 %	
Zielverkaufspreis	252,00	100 %	90 %
+ Kundenrabatt	28,00		10 %
Listenverkaufspreis netto	280,00		100 %

(in EUR)

Die Gewinnspanne beträgt dann:

$$\text{Gewinnspanne} = \frac{\text{Gewinn} * 100}{\text{Selbstkosten}}$$

$$= \frac{2{,}34 * 100}{229{,}50}$$

$$= 1{,}02\ \%$$

Die Gewinnspanne ist nicht ausreichend, sodass das Produkt nicht in das Sortiment aufgenommen werden kann.

4.3 Die Kostenträgerzeitrechnung

4.3.1 Grundlagen

Die Kostenträgerzeitrechnung dient der laufenden Überwachung der Wirtschaftlichkeit des Unternehmens. Während die GuV-Rechnung sich immer auf ein ganzes Geschäftsjahr bezieht, werden in der Kostenträgerzeitrechnung die Kosten und Leistungen kürzerer Perioden gegenübergestellt. Deshalb wird die Kostenträgerzeitrechnung auch kurzfristige Erfolgsrechnung genannt. Ihr Ziel ist die Ermittlung des Betriebsergebnisses.

Die abgesetzte Menge an Produkten stimmt meist nicht mit der produzierten Menge überein. Um jedoch in der kurzfristigen Erfolgsrechnung zu aussagefähigen Ergebnissen zu kommen, müssen die Bestandsveränderungen berücksichtigt werden, was bedeutet, dass die Kosten und Erlöse einer Periode einander gegenübergestellt werden müssen.

Die Zuordnung ist mithilfe folgender zwei Verfahren möglich:

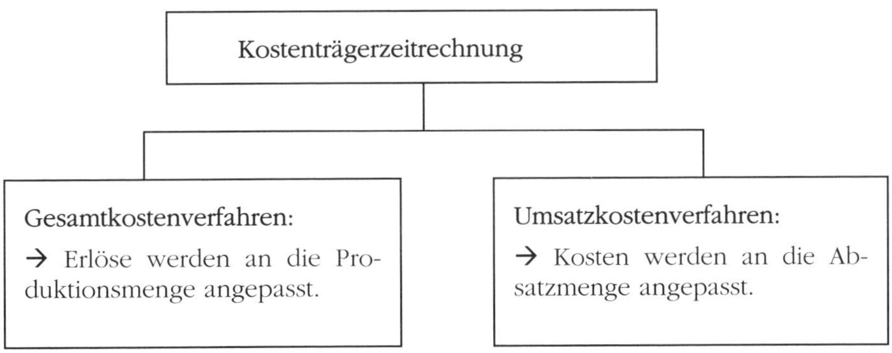

4.3.2 Das Gesamtkostenverfahren

Das Gesamtkostenverfahren (GKV) ist dadurch gekennzeichnet, dass die gesamten Kosten der Periode (gegliedert nach Kostenarten) den Erlösen der Periode gegenübergestellt werden. Da die Gesamtkosten der Periode nicht durch die verkauften Produkte allein verursacht sein müssen, werden auch die Bestandsveränderungen bei den unfertigen und fertigen Erzeugnissen sowie die innerbetrieblichen Eigenleistungen berücksichtigt.

Soll Betriebsergebniskonto nach dem Gesamtkostenverfahren	Haben
• Gesamtkosten (Selbstkosten einer Periode, gegliedert nach Kostenarten) • Herstellkosten der Bestandsminderungen an Halb- und Fertigprodukten	• Periodenerlös • innerbetriebliche Leistungen • Herstellkosten der Bestandsmehrungen an Halb- und Fertigprodukten
→ Betriebsgewinn der Periode	**→ bzw. Betriebsverlust der Periode**

Die Herstellkosten der Bestandsminderungen werden der linken Seite (Kosten) zugeschrieben, da angenommen wird, dass eine Bestandsminderung einen Verkauf von gelagerten Erzeugnissen bedeutet und somit dem Periodenerlös gegenübergestellt werden sollte. Die Herstellkosten von Bestandsmehrungen werden auf der rechten Seite den Erlösen hinzugerechnet. Auf diese Weise werden die Kosten, die noch nicht zu einem Periodenerlös geführt haben, neutralisiert.

Prüfungstraining: Gesamtkostenverfahren

Für den ersten Monat des Geschäftsjahres ergeben sich für die Herstellung eines Erzeugnisses folgende Daten:

- produzierte Menge: 2.000 St.
- abgesetzte Menge: 1.800 St.
- Materialkosten: 200.000,- EUR
- Fertigungslöhne: 700.000,- EUR
- Materialgemeinkosten: 50.000,- EUR
- Fertigungsgemeinkosten: 350.000,- EUR
- Verwaltungs- und Vetriebsgemeinkosten: 40.000,- EUR
- Verkaufspreis des Produktes: 1.000,- EUR

Lösung:

Zur Bewertung von Bestandsmehrungen oder -minderungen sollten zunächst die Herstellkosten berechnet werden:

Materialkosten:	200.000,- EUR
Fertigungslöhne:	700.000,- EUR
Materialgemeinkosten:	50.000,- EUR
Fertigungsgemeinkosten:	350.000,- EUR
Herstellkosten:	**1.300.000,- EUR**

Herstellkosten pro Stück:

1.300.000,- EUR / 2.000 St. = 650,- EUR/St.

Soll	Betriebsergebniskonto nach dem Gesamtkostenverfahren (in EUR)		Haben
Gesamtkosten		Umsatz	1.800.000,-
MEK	200.000,-		
MGK	50.000,-	Herstellkosten der Bestandsmehrungen an Halb- und Fertigprodukten	
FEK	700.000,-		
FGK	350.000,-	200 St. * 650,- =	130.000,-
VwVtGK	40.000,-		
Herstellkosten der Bestandsminderungen an Halb- und Fertigprodukten (keine Bestandsminderung)	0,-		
Betriebsgewinn :	**590.000,-**		
Summe:	1.930.000,-	Summe:	1.930.000,-

4.3.3 Das Umsatzkostenverfahren

Im Gegensatz zum Gesamtkostenverfahren, bei dem die gesamten produzierten Leistungen und deren Kosten betrachtet werden, werden beim Umsatzkostenverfahren nur die Erlöse und Kosten der abgesetzten Leistungen einander gegenübergestellt. Bestandsveränderungen müssen deshalb nicht berücksichtigt werden. Dabei sind nicht nur die Erlöse, sondern auch die Kosten nach Produktarten bzw. Produktgruppen gegliedert.

Soll Betriebsergebniskonto nach dem Gesamtkostenverfahren	Haben
• Gesamtkosten der in einer Periode, abgesetzten Produkte, gegliedert nach Produktarten bzw. Produktgruppen (bei Vollkostenrechnung)	• Erlöse der in einer Periode abgesetzten Produkte, gegliedert nach Produktarten bzw. Produktgruppen
→ evtl. Betriebsgewinn der Periode	→ evtl. Betriebsverlust der Periode

Als Vorteil des UKV ist anzusehen, dass keine Erfassung der Bestände an Halb- und Fertigprodukten erforderlich ist. Außerdem lassen sich Erfolgsgrößen für einzelne Produkte bzw. Produktgruppen ermitteln. Damit werden Informationen für Entscheidungen über das Produktionsprogramm und eine produktorientierte Erfolgsanalyse zur Verfügung gestellt. Als Nachteil bleibt anzumerken, dass das UKV nur schwierig in das System der doppelten Buchführung eingebaut werden kann. Für eine echte Erfolgsanalyse kann das UKV nur dann uneingeschränkt verwendet werden, wenn es als Teilkostenrechnung konzipiert ist.

Prüfungstraining: Umsatzkostenverfahren

(Es werden die Daten aus der Aufgabe für das GKV übernommen.)

Für den ersten Monat des Geschäftsjahres ergeben sich für die Herstellung eines Erzeugnisses folgende Daten:

- produzierte Menge: 2.000 St.
- abgesetzte Menge: 1.800 St.
- Materialkosten: 200.000,- EUR
- Fertigungslöhne: 700.000,- EUR
- Materialgemeinkosten: 50.000,- EUR
- Fertigungsgemeinkosten: 350.000,- EUR
- Verwaltungs- und Vetriebsgemeinkosten: 40.000,- EUR
- Verkaufspreis des Produktes: 1.000,- EUR

Lösung:

Herstellkosten pro Stück:

1.300.000,- EUR / 2.000 St. = 650,- EUR/St.

Soll Betriebsergebniskonto nach dem Umsatzkostenverfahren (in EUR)			Haben
Kosten der abgesetzten Menge		Umsatz	1.800.000,-
HK	1.170.000,-		
VwVt-GK	40.000,-		
Betriebsgewinn	**590.000,-**		
Summe	1.800.000,-	Summe	1.800.000,-

Kontrollfragen Lerneinheit 4

Kostenträgerrechnung mit Vollkosten

1. Erläutern Sie die Hauptaufgabe der Kostenträgerrechnung!
2. Welche Bedingungen muss ein Unternehmen bei der Anwendung der Divisionskalkulation erfüllen, damit es sich um eine verursachungsgerechte Kalkulation handelt?
3. Für welche Unternehmen eignet sich die Äquivalenzziffernkalkulation?
4. Erklären Sie den Unterschied zwischen der einstufigen und der mehrstufigen Divisionskalkulation!
5. Wann ist bei der Kuppelkalkulation das Marktpreisverfahren der Restwertverrechnung vorzuziehen?
6. Was ist das Ziel der Zuschlagskalkulation?
7. In welchen Unternehmen sollte anstatt der Zuschlagskalkulation die Maschinenstundensatzrechnung verwendet werden.
8. Worin unterscheidet sich das Gesamtkostenverfahren vom Umsatzkostenverfahren?

Prüfungstraining Lerneinheit 4

Kostenträgerrechnung mit Vollkosten

Aufgabe 1)

In der Kunststoffe GmbH wird eine spezielle Kunststoffflüssigkeit hergestellt, für deren Produktion im abgelaufenen Geschäftsjahr Gesamtkosten in Höhe von 550.000,- EUR angefallen sind. Die Ausbringungsmenge beträgt 50.000 l. Lagerbestandsveränderungen sind keine gegeben.

Errechnen Sie die Selbstkosten je Liter!

Aufgabe 2)

Die Geschäftsleitung der Kunststoffe GmbH ist mit dem bisherigen Verfahren der einstufigen Divisionskalkulation unzufrieden, da bei den Stückselbstkosten nicht ersichtlich ist, welchen Anteil die einzelnen Kostenarten an den Stückkosten haben.

Die Kosten für die Produktionsmenge von 50.000 l setzen sich wie folgt zusammen:

Materialkosten:	150.000,- EUR
Fertigungskosten:	100.000,- EUR
Verwaltungskosten:	20.000,- EUR
Vertriebskosten:	30.000,- EUR
Gesamtkosten:	300.000,- EUR

Die Geschäftsleitung bittet Sie eine differenzierende Divisionskalkulation durchzuführen!

Aufgabe 3)

Die Kunststoffe GmbH stellt im Mai 2008 5.000 l einer Spezialkunststoffflüssigkeit her. Die Kosten betragen:

Herstellkosten:	60.000,- EUR
Verwaltungskosten:	10.000,- EUR
Vertriebskosten:	15.000,- EUR

Berechnen Sie die Selbstkosten pro Liter unter folgenden Bedingungen:

a) Die komplette Menge des Kunststoffes wird an einen Großkunden geliefert.

b) Von der produzierten Menge des Monates Mai müssen 2.000 l gelagert werden, da ein Auftrag storniert wurde.

Aufgabe 4)

Die Kunststoffe GmbH stellt einen brandsicheren Kunststoff in einem mehrstufigen Produktionsverfahren her. Die Geschäftsleitung interessiert sich für die Stückkosten je Produktionsstufe, um die Kosten besser analysieren zu können. Der Kunststoff wird nur durch einen Rohstoff hergestellt, der durch Verfeinerungen in den Produktionsstufen umgewandelt wird. Je Produktionsstufe gehen 10 % der Inputmenge verloren.

Die Gesamtkosten verteilen sich zu gleichen Teilen auf die einzelnen 4 Produktionsstufen. Bei einer Inputmenge von 10.000 l entstehen Gesamtkosten in Höhe von 100.000,- EUR.

Ermitteln Sie die Selbstkosten pro Liter je Produktionsstufe sowie die Endproduktionsmenge in einer mehrstufigen Divisionskalkulation!

Aufgabe 5)

Die Chemie AG stellt im Januar 2008 drei Arten von Aromastoffen her, die sich nur durch die Rezeptmischungen unterscheiden.

A 3.000 kg Einzelkosten 4.000,- EUR

B 1.000 kg Einzelkosten 1.000,- EUR

C 2.000 kg Einzelkosten 2.500,- EUR

Im Januar fielen Gemeinkosten in Höhe von 9.000,- EUR an.

Verteilen Sie die Gemeinkosten entsprechend dem Verhältnis der Einzelkosten der drei Aromastoffe mithilfe der Äquivalenzziffernkalkulation.

Aufgabe 6)

Bei der Chemie AG fallen für das Hauptprodukt A und die Nebenprodukte B, C und D Gesamtkosten in Höhe von 3.000.000,- EUR an. Für die Nebenprodukte werden folgende Verkaufserlöse erzielt:

B: 600.000,- EUR C: 300.000,- EUR

D: 100.000,- EUR

Wie hoch sind die Selbstkosten des Hauptproduktes A nach der Restwertrechnung?

Aufgabe 7)

a) Die Maschinen GmbH stellt zwei Arten von Stanzmaschinen her. Im ersten Quartal des Geschäftsjahres 2008 werden vom Typ A 40 Maschinen und vom Typ B 60 Maschinen hergestellt. Dabei fallen folgende Kosten an:

In EUR	Maschine	
	Typ A	Typ B
MEK	100.000,-	200.000,-
FEK	150.000,-	100.000,-
MGK	20.000,-	50.000,-
FGK	300.000,-	100.000,-
VwGK	20.000,-	10.000,-
VtGK	30.000,-	10.000,-

Errechnen Sie die Selbstkosten pro Maschine jedes Maschinentyps!

b) Es soll eine Spezialmaschine für ein Großbauprojekt produziert werden. Die Geschäftsleitung der Maschinen GmbH ermittelt zur Vorkalkulation der Spezialmaschine folgende Werte (Normalgemeinkostenzuschlagssätze):

MEK	50.000,- EUR
FEK	30.000,- EUR
MGK	25 %
FGK	150 %
VwGK	10 %
VtGK	10 %

Welche Selbstkosten ergeben sich bei der Vorkalkulation?

c) Nachdem die Maschine fertig gestellt wurde, ergeben sich folgende Daten für die Nachkalkulation (Ist-Gemeinkosten):

MEK	53.000,- EUR
FEK	30.000,- EUR
MGK	15.000,- EUR
FGK	50.000,- EUR
VwGK	10.000,- EUR
VtGK	16.000,- EUR

Ermitteln Sie die Selbstkosten der Nachkalkulation!

d) Stellen Sie die Vorkalkulation der Nachkalkulation gegenüber und stellen Sie Über- und Unterdeckungen der Vorkalkulation fest!

Aufgabe 8)

Die Werkzeugbau GmbH stellt 800 Einheiten eines Aluminiumwagenhebers her. Die gesamten Kosten betragen:

Materialkosten:

Fertigungsmaterial = 16.900,- EUR

MGK-ZS = 12 %

Fertigungskosten:

Fertigungsstelle I:

40 h Fertigungslöhne zu 25,- EUR/h zzgl. 50 % Restfertigungsgemeinkosten-ZS

Maschinenstunden: 20 h zu 150,- EUR/h

Fertigungsstelle II:

20 h Fertigungslöhne zu 28,- EUR/h zzgl. 30 % Restfertigungsgemeinkosten-ZS

Maschinenstunden: 15 h zu 250,- EUR/h

Verwaltungsgemeinkosten-ZS: 20 %

Vertriebsgemeinkosten-ZS: 10 %

Ermitteln Sie die Selbstkosten pro Erzeugniseinheit!

Aufgabe 9)

Die Maschinen AG kalkuliert den Brutto-Listenverkaufspreis für eine Druckmaschine. Pro Maschine entstehen Materialeinzelkosten von 4.000,- EUR und Fertigungseinzelkosten (Fertigungslöhne) i.H.v. 6.000,- EUR.

Das Unternehmen rechnet mit folgenden Gemeinkostenzuschlagssätzen:

MGK-ZS = 20 %

FGK-ZS = 100 %

VwVtGK-ZS = 10 %

In den Preis sollen 3 % Kundenskonto, 20 % Kundenrabatt und 10 % Gewinn einkalkuliert werden.

Die Umsatzsteuer beträgt 19 %.

Aufgabe 10)

Die Bestman KG kalkuliert den Listenverkaufspreis des Herrenanzuges „Lifestyle“. Der Listeneinkaufspreis beträgt 400,00 EUR (netto). Der Liefererrabatt beträgt 20%, das Liefererskonto 3 % und die Bezugskosten betragen 5,- EUR/St. Die KG kalkuliert mit einem Handlungskostenzuschlagssatz von 50 %. Die Gewinnspanne soll 30 % betragen. Das Handelsunternehmen gewährt seinen Kunden ein Skonto von 3 %. Die Verkäufer erhalten eine Provision von 5 %. Der Rabatt an Kunden beläuft sich auf 10 %.

Berechnen Sie den Listenverkaufspreis!

Aufgabe 11)

a) Bei der Warenhaus KG sind im letzten Quartal Gemeinkosten i.H.v. 300.000,- EUR angefallen. Der Umsatz zu Einstandspreisen betrug im gleichen Zeitraum 1.200.000,- EUR. Berechnen Sie den Handlungskostenzuschlag!

b) Die KG verkauft ein Fahrrad für 400,- EUR. Der Bezugspreis des Fahrrades beträgt 250,- EUR. Berechnen Sie die Handelsspanne!

Aufgabe 12)

Die Handels-KG möchte das City-Bike „Metro“ in ihrem Sortiment anbieten. Aufgrund der harten Konkurrenz auf dem Fahrradmarkt darf es nicht teurer als 250,- EUR sein. Die Verhandlungen mit den Lieferanten haben einen Listeneinkaufspreis von 100,- EUR ergeben.

Der Handlungskostenzuschlag beträgt 80%, der Liefererrabatt 20 %, das Liefererskonto 3% . Zudem fallen 10,- EUR Bezugskosten an. Die Verkäuferprovision beträgt 5 %, der Kundenskonto 3 % und der Kundenrabatt 10 %.

Überprüfen Sie, ob das Produkt gewinnbringend angeboten werden kann!

Aufgabe 13)

Die Skandinavia AG fertigt Kleiderschränke und Esstische. Im ersten Quartal werden 200 Schränke produziert, die aufgrund der großen Nachfrage alle verkauft werden. Zusätzlich werden aus dem Lager noch 50 Schränke verkauft, die im vorigen Quartal zu Herstellkosten von 90,- EUR/St. hergestellt wurden. Im gleichen Zeitraum werden 100 Esstische hergestellt, von denen allerdings nur 30 Stück abgesetzt werden können. Der Kleiderschrank wird zu einem Preis von 150,- EUR/St. abgesetzt, der Esstisch zu einem Preis von 200 EUR,-/St. angeboten. Die Kostenarten- und Kostenstellenrechnung liefert folgende Daten für das erste Quartal:

Kleiderschrank		Esstisch	
MEK	5.000,- EUR	MEK	5.000,- EUR
MGK	3.000,- EUR	MGK	1.000,- EUR
FEK	10.000,- EUR	FEK	8.000,- EUR
FGK	6.000,- EUR	FGK	4.000,- EUR
	VwVtGK:	2.000,- EUR	

Ermitteln Sie das Betriebsergebnis mithilfe des

a) Gesamtkostenverfahrens,

b) Umsatzkostenverfahrens!

Antworten zu den Kontrollfragen Lerneinheit 4

1. Die Hauptaufgabe der KTR besteht in der Ermittlung von Angebotspreisen. Daneben dient sie der Bestimmung interner Verrechnungspreise und der Bewertung von Beständen an Halb- und Fertigerzeugnissen. Außerdem ermöglicht sie die Ermittlung von Perioden- und Stückerfolgen und damit eine Überwachung der Entwicklung des Unternehmungserfolgs. Eine weitere Aufgabe liegt in der Informationsbeschaffung für die Beschaffungs- und Programmpolitik. Schließlich sind auch noch kostenträgerbezogene Kontrollen in Form von Plan-Ist-Vergleichen und Abweichungsanalysen möglich.
2. Es muss sich um ein Einproduktunternehmen handeln, da sonst eine Division der Gesamtkosten durch die Produktionsmenge zu keinem aussagekräftigen Ergebnis führen würde.
3. Die Äquivalenzziffernkalkulation ist am besten für Unternehmen geeignet, die eine kleine Anzahl ähnlicher Produkte herstellen. Die Ähnlichkeit der Produkte bemisst sich meist danach, dass prinzipiell die gleichen Arbeitsvorgänge für die Herstellung der Produkte zu tätigen sind, und sich nur Unterschiede in der Menge oder Intensität der Inputfaktoren ergeben.
4. Die einstufige Divisionskalkulation ist das gröbste und einfachste Kalkulationsverfahren. Die kompletten Gesamtkosten werden durch die gesamte Produktionsmenge geteilt, um die Stückkosten je Mengeneinheit zu errechnen. Die mehrstufige Divisionskalkulation hat eine differenzierendere Vorgehensweise. In ihr werden Mengenveränderungen in den einzelnen Produktionsstufen berücksichtigt. Daraus ergeben sich die Stückkosten je Produktionsstufe.
5. Das Marktpreisverfahren ist dann das bessere Verfahren, wenn zwischen den Haupt- und Nebenprodukten keine gravierenden Wertunterschiede bestehen.
6. In der Zuschlagskalkulation sollen die Gemeinkosten mithilfe der in der Kostenstellenrechnung errechneten Zuschlagssätze möglichst genau auf die Kostenträger verrechnet werden. Die Zuschlagskalkulation ist neben der Maschinenstundensatzrechnung besonders gut für Unternehmen mit einer größeren Produktpalette geeignet.
7. In Unternehmen in denen die fortschreitende Automatisierung zunehmend die menschliche Arbeitskraft ersetzt, sind Fertigungslöhne nicht die geeignete Bezugsgröße für die Fertigungsgemeinkosten. in der Maschinenstundensatzrechnung werden aus den gesamten Kosten diejenigen Kosten herausgerechnet, die den Maschinen unmittelbar zugerechnet werden können (z.B. Instandhaltungskosten, Energiekosten, kalk. Abschreibung etc.). Die verbleibenden Restgemeinkosten werden dann auf die Fertigungslöhne berechnet.
8. Im Gegensatz zum Gesamtkostenverfahren (GKV), das in seiner Ausrichtung produktorientiert ist, ist das Umsatzkostenverfahren (UKV) absatzorientiert.

Lösungen zum Prüfungstraining Lerneinheit 4

Lösung - Aufgabe 1)

Selbstkosten pro Sück (k) = Gesamtkosen (GK) / Ausbringungsmenge (x)

k =550.000,- EUR / 50.000 l

⇔ k= 11,- EUR/l

Lösung - Aufgabe 2)

Materialkosten:	150.000,- EUR
Fertigungskosten:	100.000,- EUR
Verwaltungskosten:	20.000,- EUR
Vertriebskosten:	30.000,- EUR

Produktionsmenge: 50.000 l

Als Stückkosten ergeben sich:

Materialkosten:	150.000,- EUR / 50.000 l	= 3,00 EUR/St.
Fertigungskosten:	100.000,- EUR / 50.000 l	= 2,00 EUR/St.
Verwaltungskosten:	20.000,- EUR / 50.000 l	= 0,40 EUR/St.
Vertriebskosten:	30.000,- EUR / 50.000 l	= 0,60 EUR/St.
Stückkosten:		**6,00 EUR/St.**

Lösung - Aufgabe 3)

a) $k = HK / x_{prod} + (VwK + VtK) / x_{absatz}$

k = 60.000,- EUR / 5.000 l + 25.000,- EUR / 5.000 l

k = 12 EUR/l + 5 EUR/l = 17 EUR/l

b) $k = HK / x_{prod} + (VwK + VtK) / x_{absatz}$

k = 60.000,- EUR / 5.000 l + 25.000,- EUR / 3.000 l

k = 12,- EUR/l + 8,33 EUR/l

k = 20,33 EUR/l

Lösung - Aufgabe 4)

Zuerst sollten die Produktionsmengen der vier Produktionsstufen festgelegt werden. Je Produktionsstufe gehen 10 % der Inputmenge verloren.

Die Inputmenge entspricht jeweils der Outputmenge der vorgelagerten Stufe:

Stufe	Input	Output
1	10.000 l	9.000 l
2	9.000 l	8.100 l
3	8.100 l	7.290 l
4	7.290 l	6.561 l

Die Outputmenge des Endproduktes beträgt 6.561 l.

Die Kosten je Produktionsstufe betragen 25.000,- EUR.

Die Selbstkosten pro Liter je Produktionsstufe betragen (EUR):

Stufe	x	Kosten / Stufe	kum. Selbstkosten gesamt	kum. Selbstkosten je l
1	9.000 l	25.000,-	25.000,-	2,78
2	8.100 l	25.000,-	50.000,-	6,17
3	7.290 l	25.000,-	75.000,-	10,29
4	6.561 l	25.000,-	100.000,-	15,24

Die kumulativen Selbstkosten je Liter betragen 15,24 EUR.

Lösung - Aufgabe 5)

Dem Verhältnis der Einzelkosten entsprechend ergibt sich ein Kostenverhältnis von 4 : 1 : 2,5.

Dem Verhältnis entsprechend werden die Produktionsmengen jeder Aromasorte in die Mengen der Einheitssorten umgerechnet.

A 3.000 kg * 4 = 12.000 kg

B 1.000 kg * 1 = 1.000 kg

C 2.000 kg * 2,5 = 5.000 kg

Gesamtmenge = 18.000 kg

Anschließend werden die Gemeinkosten pro Stück der Einheitssorte berechnet.

9.000,- EUR / 18.000 kg = 0,50 EUR/kg

Mithilfe der Einheitsstückgemeinkosten können nun die Stückgemeinkosten je Aromastoff festgestellt werden.

A 0,50 EUR/kg * 4 = 2,- EUR/kg

B 0,50 EUR/kg * 1 = 0,50 EUR/kg

C 0,50 EUR/kg * 2,5 = 1,25 EUR/kg

Mithilfe der Stückkosten je Aromasorte können jetzt die gesamten Gemeinkosten pro Aromasorte festgestellt werden.

A	2,- EUR/kg * 3.000 kg =	6.000,- EUR
B	0,50 EUR/kg * 1.000 kg =	500,- EUR
C	1,25 EUR/kg * 2.000 kg =	2.500,- EUR

Lösung - Aufgabe 6)

Selbstkosten Hauptprodukt A =

Gesamtkosten – Verkaufserlös (Nebenprodukt B) – Verkaufserlöse (Nebenprodukte C) – Verkaufserlös (Nebenprodukt D)

3.000.000,- EUR – 600.000,- EUR – 300.000,- EUR – 100.000,- EUR = 2.000.000,- EUR

Lösung - Aufgabe 7)

a) Einsetzen der Werte in das Kalkulationsschema:

In EUR	Typ A	Typ B
MEK	100.000,-	200.000,-
+ MGK	20.000,-	50.000,-
+ FEK	150.000,-	100.000,-
+ FGK	300.000,-	100.000,-
Herstellkosten	**570.000,-**	**450.000,-**
+ VwGK	20.000,-	10.000,-
+ VtGK	30.000,-	10.000,-
Selbstkosten	**620.000,-**	**470.000,-**

Selbstkosten pro Einheit des Typs A:

620.000,- EUR / 40 St. = 15.500,- EUR/St.

Selbstkosten pro Einheit des Typs B:

470.000,- EUR / 60 St. = 7.833,33 EUR/St.

b) Kalkulation des Spezialauftrages mit den Normalkosten (in EUR):

MEK	50.000,-
+ MGK	12.500,-
+ FEK	30.000,-
+ FGK	45.000,-
Herstellkosten	137.500,-
+ VwGK	13.750,-
+ VtGK	13.750,-
Selbstkosten	165.000,-

c) Kalkulation mit den Istkosten (in EUR):

MEK	53.000,-
+ MGK	15.000,-
+ FEK	30.000,-
+ FGK	50.000,-
Herstellkosten	148.000,-
+ VwGK	10.000,-
+ VtGK	16.000,-
Selbstkosten	174.000,-

d)

	Istkosten (Nachkalk.)	**Normalkosten (Vorkalk.)**	**Über-/Unter-deckung**
MEK	53.000,-	50.000,-	– 3.000,-
+ MGK	15.000,-	12.500,-	– 2.500,-
+ FEK	30.000,-	30.000,-	0,-
+ FGK	50.000,-	45.000,-	– 5.000,-
Herstellkosten	**148.000,-**	**137.500,-**	– **10.500,-**
+ VwGK	10.000,-	13.750,-	+ 3.750,-
+ VtGK	16.000,-	13.750,-	– 2.250,-
Selbstkosten	174.000,-	165.000,-	– 9.000,-

Lösung - Aufgabe 8)

MEK	16.900,00 EUR
+ MGK (12%)	2.028,00 EUR
+ FEK I	1.000,00 EUR
+ Rest-FGK I (50%)	500,00 EUR
+ FEK II	560,00 EUR
+ Rest-FGK II (30%)	168,00 EUR
+ Maschinenkosten I	3.000,00 EUR
+ Maschinenkosten II	3.750,00 EUR
Herstellkosten	**27.906,00 EUR**
+ VwGK (20 %)	5.581,20 EUR
+ VertrGK (10 %)	2.790,60 EUR
Selbstkosten	**36.277,80 EUR**

Selbstkosten pro Erzeugniseinheit:

36.277,80 EUR / 800 St. = 45,35 EUR/St.

Lösung - Aufgabe 9)

				EUR	Summe
(1)		**Materialeinzelkosten**		4.000,00	
(2)	+	Materialgemeinkosten	(in % von 1)	800,00	
(3)		**Materialkosten**	(1+2)		4.800,00
(4)	+	Fertigungseinzelkosten		6.000,00	
(5)	+	Fertigungsgemeinkosten	(in % von 4)	6.000,00	
(6)	+	Sondereinzelkosten der Fertigung		0,00	
(7)		**Fertigungskosten**	(4 + 5 + 6)		12.000,00
(8)		**Herstellkosten**	(3 + 7)		16.800,00
(9)	+	Verwaltungsgemeinkos-ten	(in % von 8)	1.680,00	
(10)		**Selbstkosten**	(8+9)		18.480,00
(11)	+	Gewinnzuschlag	(in % von 10)	1.848,0	
(12)		**Barverkaufspreis**	(10 + 11)		20.328,00
(13)	+	Vertreterprovision	(in % von 15)	0,00	
(14)	+	Kundenskonto	(in % von 15)	628,70	
(15)		**Zielverkaufspreis**	(12 + 13 + 14)		20.956,70
(16)	+	Kundenrabatt	(in % von 17)	5239,18	
(17)		**Listenverkaufspreis netto**	(15 + 16)		26195,88
(18)	+	Umsatzsteuer	(in % von 17)	4.975,26	
(19)		**Listenverkaufspreis brutto**	(17 + 18)		31.160,82

(in EUR)

Lösung - Aufgabe 10)

Listeneinkaufspreis	**400,00**	**100 %**	
– 20 % Liefererrabatt	80,00	20 %	
Zieleinkaufspreis	**320,00**	**80 %**	**100%**
– 3 % Liefererskonto	9,60		3 %
Bareinkaufspreis	**310,40**		**97 %**
+ Bezugskosten	5,00		
Bezugspreis	**315,40**	**100 %**	
+ Handlungskosten	157,70	50 %	
Selbstkosten	**473,10**	**150 %**	**100 %**
+ Gewinnzuschlag	141,93		30 %
Barverkaufspreis	**615,03**	**92 %**	**130 %**
+ Verkäuferprovision	33,42	5 %	
+ Kundenskonto	20,06	3 %	
Zielverkaufspreis	**668,51**	**100 %**	**90 %**
+ Kundenrabatt	74,28		10 %
Listenverkaufspreis netto	**742,79**		**100 %**
	(in EUR)		

Lösung - Aufgabe 11)

a)

Handlungskostenzuschlag = (300.000,- EUR / 1.200.000,- EUR) * 100

Handlungskostenzuschlag = 25 %

b) Handelsspanne = (400,- – 250,-)/ 400,-

Handelsspanne = 37,50 %

Lösung - Aufgabe 12)

Listeneinkaufspreis	**100,00**	**100 %**	
– 20 % Liefererrabatt	20,00	20 %	
Zieleinkaufspreis	**80,00**	**80 %**	**100%**
– 3 % Liefererskonto	2,40		3 %
Bareinkaufspreis	**77,60**		**97 %**
+ Bezugskosten	10,00		
Bezugspreis	**87,60**	**100 %**	
+ Handlungskosten	70,08	80 %	
Selbstkosten	**157,68**	**180 %**	**100 %**
+ Gewinn	***49,32***		
Barverkaufspreis	**207,00**	**92 %**	
+ Verkäuferprovision	11,25	5 %	
+ Kundenskonto	6,75	3 %	
Zielverkaufspreis	**225,00**	**100 %**	**90 %**
+ Kundenrabatt	25,00		10 %
Listenverkaufspreis netto	**250,00**		**100 %**

Der Stückgewinn beträgt 49,32 EUR.

Lösung - Aufgabe 13)

a)

Zunächst werden die Herstellkosten pro Stück beider Produktarten errechnet.

Kleiderschrank: 24.000,- EUR / 200 St. = 120,- EUR/St.

Esstisch: 18.000,- EUR / 100 St. = 180,- EUR/St.

Mit den gegebenen Daten kann das Betriebsergebniskonto nach dem Gesamtkostenverfahren aufgestellt werden:

Soll	**Betriebsergebniskonto nach dem Gesamtkostenverfahren**		**Haben**
Gesamtkosten (beider Kostenstellen)		**Umsatzerlöse:**	
MEK:	10.000,-	Kleiderschrank:	
MGK:	4.000,-	250 St. x 150,- =	37.500,-
FEK:	18.000,-	Esstisch:	
FGK:	10.000,-	30 St. x 200,- =	6.000,-
VwVtGK:	2.000,-	**Summe Umsatzerlöse:**	**43.500,-**
Summe HK:	**44.000,-**		
		HK der Bestandsmehr.:	
HK der Bestandsmind.:		70 St. x 180,- EUR/St. =	12.600,-
50 St. x 120,- EUR/St. =	6.000,-		
Betriebsergebnis:	**6.100,-**		
Summe:	**56.100,-**	**Summe:**	**56.100,-**

(in EUR)

b)

Soll	**Betriebsergebniskonto nach dem Umsatzkostenverfahren**		**Haben**
Herstellkosten der abgesetzten Menge:		**Umsatzerlöse:**	
Kleiderschränke:		Kleiderschränke:	
250 St. x 120,- =	30.000,-	250 St. x 150,- =	37.500,-
Esstische:		Esstische:	
30 St. x 180,- =	5.400,-	30 St. x 200,- =	6.000,-
VwVt.GK:	2.000,-		
Betriebsgewinn:	**6.100,-**		
Summe:	**43.500,-**	**Summe:**	**43.500,-**

(In EUR)

Lerneinheit 5

Kostenträgerrechnung mit Teilkosten

In dieser Lerneinheit sollen Sie folgende Lernziele erreichen:

- den Unterschied zwischen der Vollkosten- und Teilkostenrechnung verstehen,
- die Einsatzmöglichkeiten der einstufigen und mehrstufigen Deckungsbeitragsrechnung in betrieblichen Entscheidungssituationen kennen lernen,
- wichtige Anwendungsgebiete der KLR kennen lernen.

In der Vollkostenrechnung wird keine Unterscheidung zwischen beschäftigungsabhängigen (variablen) und beschäftigungsunabhängigen (fixen) Kosten vorgenommen. Dies ist problematisch, da dann bestimmte Kosten auf die Produktionsmenge verrechnet werden, die eigentlich völlig unabhängig vom Ausmaß der Produktionsmenge sind.

Bedenkt man, dass Fixkosten unabhängig von der Beschäftigungssituation - ja selbst bei Stillstand der Anlagen – anfallen, muss ein nach Gewinn strebendes Unternehmen bei Unterbeschäftigung selbst dann einen Auftrag annehmen, wenn nur die variablen Kosten gedeckt werden. Decken die Verkaufserlöse noch einen Teil der Fixkosten, dann führt dieser positive Deckungsbeitrag zu einer Verbesserung des Betriebsergebnisses.

Der Deckungsbeitrag (db) bezeichnet die Differenz zwischen dem Verkaufspreis (p) und den variablen Kosten (k_{var}).

$$db = p - k_{var}$$

Bei der Teilkostenrechnung werden nur die variablen Kosten auf die Kostenträger verrechnet, da nur diese Kosten durch die Produktion zusätzlich verursacht werden. Diese Grenzkostenbetrachtung führt dazu, dass dem Unternehmen bei einer Unterbeschäftigungssituation für Verkaufsverhandlungen eine Untergrenze gesetzt wird. Jeder realisierbare Marktpreis über den variablen Kosten erhöht das Betriebsergebnis.

Beispiel:

Die Bike GmbH stellt Fahrräder für den alltäglichen Gebrauch her. Mit im Sortiment befindet sich ein Stadtfahrrad, das nach Meinung des neu eingestellten Controllers für das Unternehmen nur Verluste einbringt. Bisher wurde die Vollkostenrechnung angewendet. Bei einer Produktionsmenge von 1.000 St. in einem Jahr ergeben sich folgende Daten:

Verkaufspreis je Fahrrad (p) = 500,- EUR,

variable Kosten je Fahrrad (k_{var}) = 400,- EUR,

fixe Kosten je Fahrrad (k_{fix}) = 180,- EUR.

Vollkostenrechnung:		Teilkostenrechnung:	
p:	500,-	p:	500,-
– (k_{var} + k_{fix}):	580,-	– k_{var} :	400,-
Gewinn:	- 80,-	db:	100,-

Da die Fixkosten kurzfristig nicht abbaubar sind, hilft das Stadtfahrrad, das in der Vollkostenrechnung noch zum Verlustartikel erklärt wurde, diese mit seinem positiven Deckungsbeitrag zu decken.

Der Deckungsbeitrag pro Stück darf allerdings nicht mit dem Gewinn pro Stück gleichgesetzt werden. Gewinne entstehen erst, wenn die Fixkosten durch die Deckungsbeiträge voll gedeckt sind.

Die Kostenrechnungssysteme der Teilkostenrechnung wurden entwickelt, um unter anderem die Nachteile der Vollkostenrechnung aufzuarbeiten. Die bedeutsamsten Systeme der Teilkostenrechnung sind:

- die einstufige Deckungsbeitragsrechnung (Direct Costing),
- die mehrstufige Deckungsbeitragsrechnung (Fixkostendeckungsrechnung).

5.1 Die einstufige Deckungsbeitragsrechnung

In der einstufigen Deckungsbeitragsrechnung werden die Kosten in variable und fixe Kosten aufgeteilt. Die Beschäftigung ist die einzige flexible Kosteneinflussgröße. Die variablen Kosten sind proportional abhängig von der Beschäftigung.

In der Teilkostenrechnung werden den Kostenträgern (z.B. den Produkten) nur die variablen Kosten zugerechnet. Die Zurechnung erfolgt nach dem Verursachungsprinzip. Die fixen Kosten werden nicht den Kostenträgern zugerechnet, sondern für das gesamte Unternehmen in einer Summe zusammengefasst.

5.1.1 Die Kostenträgerzeitrechnung

In der Kostenträgerzeitrechnung werden von den Umsatzerlösen zunächst die variablen Kosten abgezogen, woraus sich das Bruttoergebnis (Bruttodeckungsbeitrag) ergibt. Im Anschluss wird vom Bruttoergebnis der Fixkostenblock abgezogen, um das Nettoergebnis der Periode zu errechnen. Die variablen Kosten werden meist detailliert mit dem Verkaufspreis verrechnet (variable Einzelkosten der Fertigung etc.), während die Fixkosten nur als Blockgröße abgerechnet werden. Die Fixkosten erfahren somit keine mehrstufige, detaillierte Abrechnung, was auch zu der Benennung des Kostenrechnungssystems „einstufige Deckungsbeitragsrechnung" geführt hat.

Mit der Kostenträgerzeitrechnung lassen sich vor allem folgende Frage klären:

- Welche Produktart ist hinsichtlich ihres Deckungsbeitrages wirtschaftlich sinnvoll?
- Wie viel Produkteinheiten müssen produziert werden, bis die Gewinnzone erreicht ist?

Schematisch erfolgt die Betriebsergebnisrechnung als kurzfristige Erfolgsrechnung, indem die einstufige Deckungsbeitragsrechnung in der nachstehenden Staffelform angewendet wird.

Ermittlung für ein Unternehmen mit drei Produktarten:

Produkt I	Produkt II	Produkt III
Erlöse (Umsatz)	Erlöse (Umsatz)	Erlöse (Umsatz)
– variable Einzelkosten	- variable Einzelkosten	- variable Einzelkosten
- variable Gemeinkosten	- variable Gemeinkosten	- variable Gemeinkosten
Deckungsbeitrag	Deckungsbeitrag	Deckungsbeitrag

Bruttoergebnis (Gesamtdeckungsbeitrag aller Produktarten)

- Fixkosten der Periode des Unternehmens

Nettoergebnis

Prüfungstraining:

Der Büromöbelhersteller „Skandinavia" stellt im ersten Quartal 100 Aktenschränke und 50 Schreibtische her, die in diesem Zeitraum vollständig am Markt abgesetzt werden können.

Folgenden Daten aus der Kostenstellenrechnung liegen vor:

Verkaufspreis je Aktenschrank	300,- EUR
Verkaufspreis je Schreibtisch	200,- EUR
variable Einzelkosten Aktenschrank	15.000,- EUR
variable Einzelkosten Schreibtisch	5.000,- EUR
variable Gemeinkosten Aktenschrank	5.000,- EUR
variable Gemeinkosten Schreibtisch	2.000,- EUR
Fixkosten gesamt	8.000,- EUR

Stellen Sie mithilfe der Betriebsergebnisrechnung das Bruttoergebnis und das Nettoergebnis fest!

Lösung:

Aktenschrank		Schreibtisch	
Erlöse:	30.000,-	Erlöse:	10.000,-
– variable Einzelkosten:	15.000,-	— variable Einzelkosten:	5.000,-
– variable Gemeinkosten:	5.000,-	– variable Gemeinkosten:	2.000,-
Deckungsbeitrag :	10.000,-	Deckungsbeitrag:	3.000,-
Bruttoergebnis: 13.000,- EUR			
- Fixkostenblock: 8.000,- EUR			
Nettoergebnis: 5.000,- EUR			

(in EUR)

Die Kostenträgerzeitrechnung der einstufigen Deckungsbeitragsrechnung wird stets als Umsatzkosten-verfahren durchgeführt, d.h. den Erlösen werden nur die Kosten der abgesetzten Menge gegenübergestellt.

5.1.2 Kostenträgerstückrechnung

Die Kostenartenrechnung der einstufigen Deckungsbeitrags-rechnung ermittelt für die variablen Gemeinkosten die Zuschlagssätze. Die fixen Gemeinkosten werden direkt an den Fixkostenblock weitergegeben. Zur Ermittlung der Herstellkosten wird grundsätzlich das gleiche Kalkulationsschema wie in der Vollkostenrechnung angewendet, allerdings wird in der Teilkostenrechnung nur mit variablen Kosten kalkuliert. Zur Feststellung des Deckungsbeitrages wird retrograd kalkuliert. Dies bedeutet nichts anderes, als dass vom Verkaufspreis die Herstellkosten subtrahiert werden, um den Deckungsbeitrag zu ermitteln.

Absatzpreis (p)
– variable Stückkosten (k_{var})
= Stückdeckungsbeitrag (db)

Es werden auch oft Soll-Deckungsbeiträge vorgegeben, was bedeutet, dass von unten nach oben gerechnet werden muss. Da der Markt den Unternehmen meist wenig Spielraum bei der Gestaltung der Absatzpreise lässt, wird versucht, durch Rationalisierungsmaßnahmen die Herstellkosten zu drücken, um den Soll-Deckungsbeitrag zu realisieren.

Prüfungstraining: einstufige Deckungsbeitragsrechnung

Ein Unternehmen stellt zwei Produktarten (Produkt A und Produkt B) her. Im ersten Quartal des Geschäftjahres werden von Produkt A 500 St. und von Produkt B 200 St. produziert. Für das Produkt A entstehen Materialeinzelkosten in Höhe von 10.000,- EUR, für das Produkt B betragen sie 5.000,- EUR. Beim Produkt A wird mit einem Materialgemeinkostenzuschlagssatz von 10 %, beim Produkt B mit 20 % gerechnet. Für beide Produkte entstehen Lohnkosten von 20.000,- EUR. Die Fertigungsgemeinkosten werden auf das Produkt A mit dem Fertigungsgemeinkostenzuschlagssatz von 50 % (Basis Lohnkosten), für das Produkt B mit 25 % umgelegt. Vom Produkt A werden in diesem Zeitraum 400 St. zu 90,- EUR/St., vom Produkt B wird die komplette Produktionsmenge zu 180,- EUR/St. abgesetzt. In diesem Zeitraum sind Fixkosten von 5.000,- EUR angefallen.

Errechnen Sie die Deckungsbeiträge pro Stück und das Nettobetriebsergebnis für diesen Zeitraum!

Lösung:

Zunächst werden die Herstellkosten je Produktart und je Stück nach dem bekannten Schema berechnet.

	Produkt A	Produkt B
MEK	10.000,- EUR	5.000,- EUR
+ MGK	1.000,- EUR	1.000,- EUR
+ FEK	20.000,- EUR	20.000,- EUR
+ FGK	10.000,- EUR	5.000,- EUR
= HK	**41.000,- EUR**	**31.000,- EUR**

Herstellkosten je St.:

Produkt A: 41.000,- EUR / 500 St. = 82,- EUR/St.

Produkt B: 31.000,- EUR / 200 St. = 155,- EUR/St.

Deckungsbeitrag pro St.:

	Produkt A	Produkt B
p	90,- EUR	180,- EUR
$-k_{var}$	82,- EUR	155,- EUR
db	**8,- EUR**	**25,- EUR**

Für die Betriebsergebnisrechnung müssen die Herstellkosten der Produktionsmenge des Produktes A auf die Absatzmenge umgerechnet werden.

Herstellkosten der Absatzmenge:

400 St. * 82,- EUR/St. = 32.800,- EUR

Aktenschrank		Schreibtisch	
Erlöse:	36.000,- EUR	Erlöse:	36.000,- EUR
– variable Einzelkosten:	32.800,- EUR	– variable Einzelkosten:	31.000,- EUR
Deckungsbeitrag:	3.200,- EUR	Deckungsbeitrag:	5.000,- EUR
Bruttoergebnis: 8.200,- EUR			
– Fixkostenblock: 5.000,- EUR			
Nettoergebnis: 3.200,- EUR			

5.2 Die mehrstufige Deckungsbeitragsrechnung

Die mehrstufige Deckungsbeitragsrechnung ist ein erweitertes Verfahren der einstufigen Deckungsbeitragsrechnung, die deren Nachteile vermeiden soll.

In der einstufigen Deckungsbeitragsrechnung werden die Fixkosten als ein Block vom Bruttoergebnis (Summe der Deckungsbeiträge) abgezogen. Dies hat den Nachteil, dass keine Analyse der Fixkosten möglich ist. Fixkosten sind zwar von Beschäftigungsschwankungen unabhängig, sie sind jedoch bis zu einem gewissen Grade bestimmten Erzeugnisarten, Erzeugnisgruppen oder Bereichen zuordenbar.

Beispiele:

- Fixkosten einzelner Erzeugnisarten: Fixkosten, die nur mit einer Erzeugnisart in Verbindung stehen, z.B. Patentkosten, Abschreibungen auf eine Spezialmaschine für die Herstellung dieses Erzeugnisses
- Fixkosten einzelner Erzeugnisgruppen: Fixkosten, die durch die Existenz einer Erzeugnisgruppe entstehen, z.B. Mietkosten für eine Fertigungshalle, in der nur die Erzeugnisse der Erzeugnisgruppe hergestellt werden
- Fixkosten einzelner Betriebsbereiche oder Kostenstellen: Fixkosten, die durch die Existenz des Unternehmensbereiches oder der Kostenstelle entstehen, z.B. Gehalt des Kostenstellenleiters
- Fixkosten der Gesamtunternehmung: Fixkosten, die durch die obigen Kriterien nicht erfasst werden können, z.B. Gehalt des Pförtners, Kosten für die Kantine etc.

Die Fixkostendeckungsrechnung gibt durch diese stufenweise Erfolgsermittlung einen besseren Einblick in die Erfolgsstruktur des Unternehmens. Es wird ersichtlich, inwieweit die einzelnen Produkte und Produktgruppen über die Deckung der selbst verursachten Fixkosten hinaus auch noch zur Deckung der allgemeinen Fixkosten des Unternehmens sowie zur Gewinnerzielung beitragen. Die Fixkostendeckungsrechnung liefert damit auch hilfreiche Informationen zur Wirtschaftlichkeit einzelner Produkte und Produktgruppen.

5.2.1 Kostenträgerzeitrechnung

Die Kostenträgerzeitrechnung ist der wichtigste Teil der mehrstufigen Deckungsbeitragsrechnung, da aus ihr ersichtlich wird, in welchem Maße durch die Erzeugnisarten und Erzeugnisgruppen die Fixkostenschichten gedeckt und Gewinne erzielt werden.

Das Nettoergebnis wird in der Kostenträgerzeitrechnung auf die folgende Weise ermittelt:

Bruttoerlös

- Erlösschmälerungen

Nettoerlös

- variable Fertigungskosen

Deckungsbeitrag I = Bruttoergebnis

- Erzeugnisfixkosten

Deckungsbeitrag II

- Erzeugnisgruppenfixkosten

Deckungsbeitrag III

- Bereichsfixkosten

Deckungsbeitrag IV

- Unternehmensfixkosten

Nettoergebnis

Eine genauere Darstellung der Kostenträgerzeitrechnung bei mehreren Erzeugnissen veranschaulicht das folgende Prüfungstraining.

Prüfungstraining: mehrstufige Deckungsbeitragsrechnung

Die Möbel AG hat eine Produktpalette mit zwei Produktgruppen (Schreibtische und Büroschränke). In den Produktgruppen gibt es jeweils die Produktversionen „Luxus" und „Normal". Im ersten Quartal ergeben sich folgende Daten (die Produktionsmenge entspricht der Absatzmenge):

	Absatzmenge	Preis	variable Kosten
Schreibtisch Luxus	500 St.	800,- EUR	600,- EUR
Schreibtisch Normal	1.000 St.	400,- EUR	300,- EUR
Büroschrank Luxus	300 St.	500,- EUR	450,- EUR
Büroschrank Normal	600 St.	200,- EUR	120,- EUR

Je Produkt fallen in diesem Zeitraum maschinenbedingte Fixkosten in Höhe von 5.000,- EUR an. Für die Erzeugnisgruppe „Schreibtisch" fallen Fixkosten in Höhe von 10.000,- EUR an, da ein Patent für eine spezielle Holzlackierung gekauft werden musste. Für die Erzeugnisgruppe „Büroschrank" fallen Fixkosten in Höhe von 13.000,-EUR an, da speziell für diese zwei Büroschränke ein Werbevertrag mit einer lokalen Zeitung geschlossen wurde. In dem Quartal fallen Unternehmensfixkosten in Höhe von 80.000,- EUR. Ermitteln Sie das Nettoergebnis des Quartals!

Lösung:

	Büromöbel			
	Schreibtisch		Büroschrank	
	Luxus	Normal	Luxus	Normal
Umsatzerlöse	400.000,-	400.000,-	150.000,-	120.000,-
– variable Kosten	300.000,-	300.000,-	135.000,-	72.000,-
Deckungsbeitrag I	100.000,-	100.000,-	15.000,-	48.000,-
– Produktfixkosten	5.000,-	5.000,-	5.000,-	5.000,-
	95.000,-	95.000,-	10.000,-	43.000,-
Deckungsbeitrag II	190.000,-		53.000,-	
– Produktgruppen-fixkosten	10.000,-		13.000,-	
	180.000,-		40.000,-	
Deckungsbeitrag III	220.000,-			
– Unternehmens-fixkosten	80.000,-			
Nettoergebnis	140.000,-			

(in EUR)

5.3 Anwendung der Teilkostenrechnung

Die folgenden Ausführungen gelten sowohl für die einstufige als auch für die mehrstufige Deckungsbeitragsrechnung.

Die Teilkostenrechnung lässt sich sehr gut für eine Reihe von betrieblichen Entscheidungssituationen einsetzen. Die Gebiete ihrer Anwendung sind vor allem:

- Break-even-Analysen,
- Ermittlung von Preisuntergrenzen & Zusatzaufträgen,
- Engpassrechnungen (optimales Produktionsprogramm),
- Treffen von Entscheidungen zu Eigenfertigung oder Fremdbezug (Outsourcing).

5.3.1 Die Break-even-Analyse

Die Aufteilung der Gesamtkosten in fixe und variable Kosten ermöglicht eine gewinnorientierte Betrachtung des Unternehmens. Die Break-even-Analyse stellt fest, bei welcher Ausbringungsmenge die Kosten durch die Erlöse der abgesetzten Produkte gedeckt werden und somit die Gewinnzone erreicht wird. Zudem kann auch die Höhe des Deckungsbeitrages eines Produktes festgestellt werden, um bei einer gegebenen Ausbringungsmenge die Fixkosten abzudecken.

Dies lässt sich durch die folgende Grafik veranschaulichen:

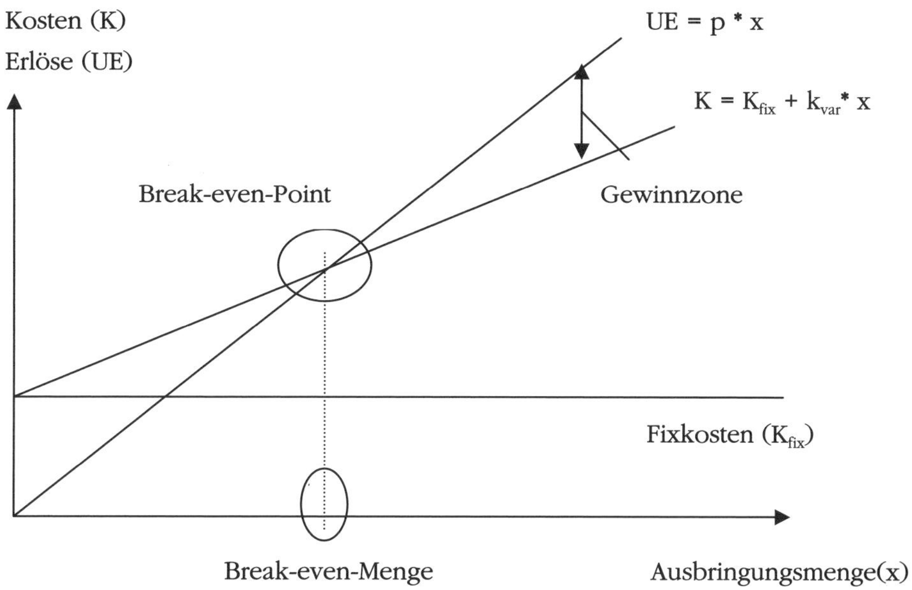

Der Schnittpunkt der Erlöskurve ($UE = p * x$) mit der Kostenkurve ($K = K_{fix} + k_{var} * x$) wird als Break-even-Point bezeichnet. An diesem Punkt entsprechen die Erlöse genau den gesamten Kosten.

Break-even-Point:

Erlöse (UE) = Gesamtkosten (K)

$$p * x = K_{fix} + k_{var} * x$$

Der Break-even-Point kann auch über die Deckungsbeitragsrechnung ermittelt werden. Es wird dann untersucht, bei welcher Ausbringungsmenge der Gesamtdeckungsbeitrag die Fixkosten deckt. Die Auflösung der obigen Gleichung führt zur Deckungsbeitragsrechnung:

$$p * x = K_{fix} + k_{var} * x$$

$$\Leftrightarrow \quad p * x - k_{var} * x = K_{fix}$$

$$\Leftrightarrow \quad (p - k_{var}) * x = K_{fix}$$

$$\Leftrightarrow \quad db * x = K_{fix}$$

Dieser Sachverhalt wird im folgenden Schaubild verdeutlicht:

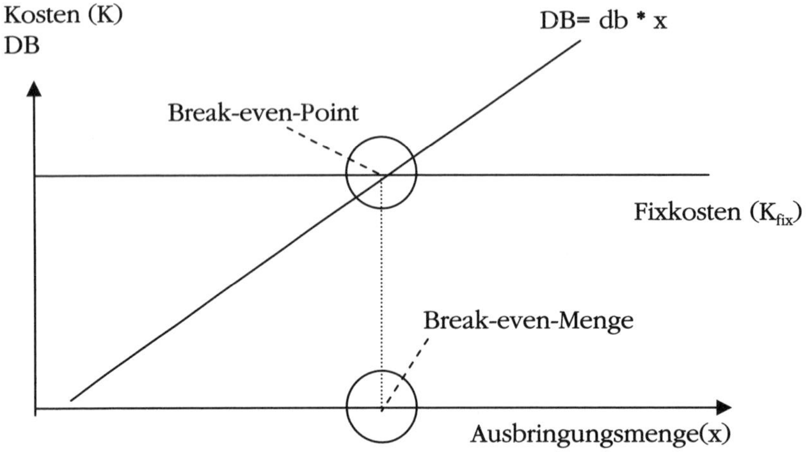

DB = Gesamtdeckungsbeitrag (db * x)
db = Stückdeckungsbeitrag

Durch Umformen der obigen Gleichung lässt sich die Ausbringungsmenge, aber auch die Höhe des Stückdeckungsbeitrages errechnen, um den Break-even-Point zu erhalten.

Break–even–Menge:

$$x = K_{fix} / db$$

Die Break-even-Menge wird auch Grenzmenge oder „kritische Menge" genannt. Sie ist die Gewinnschwelle, ab diesem Punkt erwirtschaftet jede zusätzliche Mengeneinheit Gewinn, da die gesamten Fixkosten bereits abgedeckt sind.

Prüfungstraining: Gewinnschwelle, Break-even-Menge

Ein Unternehmen stellt ein Produkt her, das zu einem Preis von 80,- EUR abgesetzt wird. Bei der Produktion entstehen variable Kosten pro Stück in Höhe von 50,- EUR. Im ersten Quartal werden 500 Stück produziert und abgesetzt. In diesem Zeitraum fallen Fixkosten in Höhe von 9.000,- EUR an.

Bei welcher Ausbringungsmenge liegt die Gewinnschwelle?

Lösung:

Zuerst wird der Stückdeckungsbeitrag ermittelt:

$$db = p - k_{var}$$
$$= 80 \text{ EUR/St.} - 50 \text{ EUR/St.}$$
$$= 30 \text{ EUR/St,}$$

Zur Ermittlung der Break-even-Menge werden die Fixkosten durch den Stückdeckungsbeitrag geteilt:

x = 9.000,- EUR / 30,- EUR/St.
= 300 St.

Bei einer Ausbringungsmenge von 300 Stück werden die Fixkosten voll gedeckt. An diesem Punkt wird die Gewinnschwelle erreicht.

5.3.2 Zusatzauftrag ohne Engpass

In der Teilkostenrechnung entspricht die unterste Preisgrenze den variablen Kosten, also den Kosten die direkt durch die Produktion des Produktes verursacht wurden.

kurzfristige Preisuntergrenze = variable Kosten

Langfristig muss das Unternehmen natürlich bestrebt sein, die gesamten Kosten durch die Umsatzerlöse zu decken, um seine Existenz zu sichern.

langfristige Preisuntergrenze = variable Kosten + fixe Kosten (Vollkosten je Stück)

Prüfungstraining: Zusatzauftrag ohne Engpass

Ein Unternehmen hat bei der Herstellung eines Produktes eine monatliche Kapazität von 500 Stück. Der Verkaufspreis des Produktes beträgt 100,- EUR/St. Die variablen Stückkosten betragen 60,- EUR/St. Für den Monat Januar ist aufgrund der schlechten Auftragslage nur eine Produktion von 300 St. geplant. Überraschender Weise geht noch ein zusätzlicher Auftrag über 100 St. ein. Der Auftraggeber ist allerdings höchstens bereit, einen Preis von 70,- EUR pro Stück zu bezahlen. Monatlich fallen Fixkosten in Höhe von 10.000,- EUR an.

Ermitteln Sie, ob der Zusatzauftrag angenommen werden sollte!

Lösung:

Eine Annahme des Auftrages lohnt sich deshalb, weil jedes Produkt des zusätzlichen Auftrages einen zusätzlichen Deckungsbeitrag von 10,- EUR/St. einbringt und somit hilft, die Fixkosten zu decken und das Monatsergebnis in die Gewinnzone zu führen.

Vergleichsrechnung:

<u>Betriebsergebnis ohne Zusatzauftrag:</u>

db = p - k_{var}
= 100,- EUR/St. - 60,- EUR/St.
= 40,- EUR/St.

Gesamtdeckungsbeitrag:

DB = db * x
= 40,- EUR/St. * 300 St.
= 12.000,- EUR

Betriebsergebnis (BE):

$$BE = DB - K_{fix}$$
$$= 12.000,\text{- EUR} - 10.000,\text{- EUR}$$
$$= 2.000,\text{- EUR}$$

Betriebsergebnis mit Zusatzauftrag:

Betriebsergebnis ohne Zusatzauftrag + Gesamt-DB des Zusatzauftrages (DB_{zus}):

Zusatzauftrag:

$$db = 70,\text{- EUR/St.} - 60,\text{- EUR/St.}$$
$$= 10,\text{- EUR/St.}$$

Gesamt-DB des Zusatzauftrages = db * x_{zusatz}

$$DB_{zus} = 10,\text{- EUR/St.} * 100 \text{ St.}$$
$$= 1.000,\text{- EUR}$$

Betriebsergebnis mit Zusatzauftrag (BE_{gesamt})

$$BE_{gesamt} = BE + DB_{zus}$$
$$= 2.000,\text{- EUR} + 1.000,\text{- EUR}$$
$$= 3.000,\text{- EUR}$$

5.3.3 Zusatzauftrag mit Engpass – relativer Deckungsbeitrag

Engpässe im Unternehmen entstehen, wenn bestimmte Rohstoffe nicht ausreichen oder wenn der Beschäftigungsgrad einzelner Fertigungsstellen mehr als 100 % beträgt. Der Beschäftigungsgrad gibt an, zu wie viel Prozent die maximale Auslastung einer Fertigungsstelle beansprucht ist.

$$\text{Beschäftigungsgrad} = \frac{\text{tatsächliche Auslastung}}{\text{maximale Auslastung}} \times 100$$

Beispiel:

Die Fertigungsanlage I der Möbel AG hat eine maximale Monatskapazität von 240 Stunden. Im vergangenen Monat wurde die Maschine 180 Stunden genutzt. Der Beschäftigungsgrad belief sich damit auf 75 %.

Bestehen Engpässe bezüglich bestimmter Produktionsfaktoren, müssen die Deckungsbeiträge pro Stück auf den Deckungsbeitrag je Mengeneinheit des Produktionsfaktors umgerechnet werden, um das optimale Produktionsprogramm zu bestimmen. Daraus ergeben sich die so genannten relativen Deckungsbeiträge.

$$\text{relativer Deckungsbeitrag: } \frac{\text{Stückdeckungsbeitrag}}{\text{Engpassmengeneinheit pro St.}}$$

Prüfungstraining: relativer Deckungsbeitrag, optimales Produktionsprogramm

Ein Unternehmen stellt zwei Produkte her, die beide auf derselben Maschine bearbeitet werden. Im Juni sollen vom Produkt A 400 St. und vom Produkt B 200 St. produziert werden. Die Maschine hat eine monatliche Kapazität von 200 Produktionsstunden. Das Produkt A beansprucht eine Fertigungszeit von 20 min/St., während Produkt B 30 min/St. beansprucht.

Folgende zusätzliche Daten liegen vor:

Verkaufspreis Produkt A: 50,- EUR/St.

Verkaufspreis Produkt B: 80,- EUR/St.

variable Kosten Produkt A: 20,- EUR/St.

variable Kosten Produkt B: 40,- EUR/St.

Ermitteln Sie das optimale Produktionsprogramm!

Lösung:

Zunächst werden die Deckungsbeiträge pro Stück errechnet:

	Produkt A	Produkt B
Verkaufspreis (p)	50,-	80,-
- variable Kosten (k_v)	20,-	40,-
Deckungsbeitrag (db)	30,-	40,-

Anschließend werden die Fertigungszeiten berechnet, die für beide Produktaufträge benötigt werden:

	Produkt A	Produkt B
Fertigungszeit pro St.	20 min.	30 min.
Auftragsmenge	400 St.	200 St.
Fertigungszeit gesamt	8.000 min (133,33 h)	6.000 min (100 h)

Die für beide Aufträge benötigte Fertigungszeit (233,33 h) übersteigt die Kapazitäten des Unternehmens (200 h) um ca. 33 Stunden. Es muss somit eine Entscheidung gefällt werden, in welchen Mengen die jeweiligen Produkte produziert werden sollen.

Im Falle der Unterbeschäftigung wäre die Produktion von Produkt B vorzuziehen, da der Stückdeckungsbeitrag von Produkt B größer ist als der Stückdeckungsbeitrag von Produkt A. Besteht jedoch ein Engpass bezüglich eines Produktionsfaktors, müssen die Deckungsbeiträge auf die jeweilige Beanspruchung des Engpassfaktors umgerechnet werden (→relative Deckungsbeiträge).

relative Deckungsbeitrag A = 30,- EUR/St. / 20 min./St.

db^{A}_{rel} = 1,50 EUR/min

relativer Deckungsbeitrag B = 40,- EUR/St. / 30 min/St.

db^{B}_{rel} = 1,33 EUR/min

Der relative Deckungsbeitrag für das Produkt A sagt aus, dass jede Minute, in der das Produkt A auf der Maschine produziert wird, einen Deckungsbeitrag von 1,50 EUR erbringt. Ein Vergleich der beiden Deckungsbeiträge zeigt, dass die Produktion des Produktes A für das Unternehmen in dieser Engpasssituation einen höheren Deckungsbeitrag liefert als das Produkt B. Es sollte nun der Auftrag für das Produkt A komplett produziert werden, die verbleibende Kapazität wird für das Produkt B verwendet.

Das Produktionsprogramm erhält daraufhin folgende Form:

	Produkt A	Produkt B
produzierte Stückzahl	400 St.	133 St. [1]
Fertigungszeit	133,33 h	66,67 h
DB_{gesamt}	12.000,- EUR	5.320,- EUR

[1] Die Produktionsmenge für das Produkt B errechnet sich auf folgende Art und Weise:

Die verbleibende Kapazität von 66,67 h wird in Minuten umgerechnet:

66,67 h * 60 min = 4000,2 min.

Das Ergebnis wird durch die Fertigungszeit pro Stück geteilt, um die Produktionsmenge für das Produkt B zu errechnen:

4000,2 min / 30 min/St. = 133,34 St. → 133 Stück können produziert werden.

5.3.4 Eigenfertigung / Fremdbezug

Im Produktionsbereich eines Unternehmens stellt sich oft die Frage, ob ein Fertigungsteil selbst erstellt werden sollte oder ob es günstiger ist, es von einem Zulieferer fertigen zu lassen (sog. Outsourcing).

Bei einer Entscheidung über Eigenfertigung oder Fremdbezug sollte, sofern keine Engpässe vorhanden sind, eigengefertigt werden, sobald der Lieferpreis über den variablen Kosten dieses Erzeugnisses liegt.

Eigenbezug, wenn $p_{Bezug} > k_{var}$

Müssen Anschaffungen getätigt werden, um Engpässe zu überwinden, so sind die Fixkosten in die Entscheidung mit einzubeziehen.

$$K_{fix} + k_{var} * x = p_{Bezug} * x$$

Die Break-even-Menge bedeutet hier, dass ab einer bestimmten Menge die Eigenfertigung günstiger ist.

Prüfungstraining: Eigenfertigung oder Fremdbezug

Ein Unternehmen steht vor der Entscheidung, die Fertigung eines Produktteiles an einen Zulieferer zu vergeben. Für die Eigenfertigung müsste eine zusätzliche Maschine beschafft werden. Folgende Daten liegen vor:

	Eigenfertigung	Fremdbezug
variable Kosten/St. (k_{var})	8,- EUR/St.	
Fixkosten (K_{fix})	80.000,- EUR	
Beschaffungspreis (p_{Bezug})		12,- EUR/St.

Ab welcher Menge ist die Eigenfertigung dem Fremdbezug vorzuziehen?

Lösung:

Es wird eine Gleichung aufgestellt, in der die Kosten der Eigenfertigung den Kosten des Fremdbezugs gegenübergestellt werden:

$$K_{fix} + k_{var} * x = p_{Bezug} * x$$

$$\Leftrightarrow \quad 80.000,\text{- EUR} + 8,\text{- EUR/St.} * x = 12,\text{-EUR/St.} * x$$

$$\Leftrightarrow \quad 80.000,\text{- EUR} = 4,\text{-EUR/St.} * x$$

$$x = 20.000 \text{ St.}$$

Ab einer Menge von 20.000 St. ist die Eigenfertigung günstiger als der Fremdbezug.

5.3.5 Erweiterungsinvestitionen

Die zusätzlichen Fixkosten, die durch die Erweiterungsinvestition entstehen, müssen durch die Deckungsbeiträge der zusätzlich produzierten Menge (Grenzmenge) gedeckt werden.

$$\text{Grenzmenge} = \frac{\text{Fixkosten der Erweiterungsinvestition}}{\text{db}}$$

Die Gewinnschwelle ist mit der Grenzmenge erreicht. Aus diesem Grund kann die Formel auch lauten:

$$\text{Gewinnschwelle} = \frac{\text{Fixkosten der Erweiterungsinvestition}}{\text{db}}$$

Prüfungstraining: Erweiterungsinvestition

Bei der Möbel AG wird überlegt, ob eine neue Fertigungsanlage angeschafft werden soll. Die Anschaffungskosten belaufen sich auf 200.000,- EUR. Darauf können Bürocontainer gefertigt werden, die zum Preis von 100,- EUR/St. abgesetzt werden können. Die variablen Stückkosten belaufen sich auf der Anlage auf 50,- EUR/St..

Wie viele Bürocontainer muss die Möbel AG produzieren und absetzen, damit sich die Anschaffung lohnt?

Lösung:

db = 100,-EUR/St. - 50,-EUR/St.

db = 50,-EUR/St.

$$\text{Grenzmenge} = \frac{\textbf{Fixkosten der Erweiterungsinvestition}}{\textbf{db}}$$

$$= \frac{\textbf{200.000,- EUR}}{\textbf{50,- EUR/St.}}$$

$$= \textbf{4000 St.}$$

Prüfungstipp: Die Formel der Grenzmenge gilt für alle möglichen Fallkonstellationen, bei denen ein Unternehmen eine Investition tätigen möchte, über die der Absatz angekurbelt werden soll. Ihre Aufgabe ist es dann immer, die Menge festzustellen, bei der die Zusatzinvestition durch den Deckungsbeitrag gedeckt ist (siehe obige Formel).

Kontrollfragen Lerneinheit 5

Kostenträgerrechnung mit Teilkosten

1. Erklären Sie den wesentlichen Unterschied der Vollkostenrechnung zur Teilkostenrechnung.
2. Wie funktioniert die einstufige Deckungsbeitragsrechnung?
3. Was ist der wesentliche Unterschied der mehrstufigen Deckungsbeitragsrechnung zur einstufigen Deckungsbeitragsrechnung?
4. Für welche betrieblichen Entscheidungsprobleme bietet sich die Teilkostenrechnung als Lösungsinstrument an?
5. Was wird unter dem Break-even-Point und der Break-even-Menge verstanden?
6. Warum liegt die kurzfristige Preisuntergrenze unter den Vollkosten?

Prüfungstraining Lerneinheit 5

Kostenträgerrechnung mit Teilkosten

Aufgabe 1)

Die Bike GmbH entwickelt und produziert ein neues Mountain-Bike, das für 1.000,- EUR abgesetzt werden soll. In der Fertigung fallen pro Fahrrad folgende Kosten an:

Materialeinzelkosten (MEK) = 300,- EUR/St.,

Fertigungslöhne (FEK) = 250,- EUR/St.

Es wird mit folgenden Zuschlagssätzen kalkuliert (die fixen Gemeinkosten werden bei der Berechnung der Zuschlagssätze nicht mit eingerechnet):

Materialgemeinkostenzuschlagssatz (MGK-ZS) = 20 %,

Fertigungsgemeinkostenzuschlagssatz (FGK-ZS) = 50 %.

Im ersten Quartal sind 20.000,- EUR Fixkosten angefallen, es wurden 150 Mountain-Bikes produziert.

a) Berechnen Sie den Deckungsbeitrag pro Stück, den Deckungsbeitrag der gesamten Produktionsmenge und das Nettoergebnis!

b) Berechnen Sie die Break-even-Menge (Gewinnschwelle)!

Aufgabe 2)

Die Bike GmbH weitet die Produktpalette aus. Es werden nun zwei verschiedene Mountain-Bike-Modelle angeboten, die zu einer Produktgruppe zusammengefasst werden. Das Produktprogramm wird durch die Produktgruppe „Stadtfahrrad“ ergänzt, die aus einem Damen- und einem Herrenfahrrad besteht. Pro Fahrradtyp fallen im ersten Quartal erzeugnisabhängige Fixkosten in Höhe von 3.000,- EUR an. Für die Mountain-Bike-Gruppe wird ein patentierter Stahlrahmen verwendet, für den eine Lizenzgebühr von jährlich 5.000,- EUR zu entrichten ist. Für die Produktion der Stadtfahrräder wurde eine neue Werkhalle angemietet, für die pro Quartal eine Miete von 2.000,- EUR zu bezahlen ist. Im ersten Quartal fallen Unternehmensfixkosten in Höhe von 10.000,- EUR an.

Für das erste Quartal liegen folgende Daten vor:

	Mountain-Bike		Stadtfahrrad	
	Pegasus	Ikarus	Alpha	Omega
Absatzmenge	80 St.	120 St.	30 St.	10 St.
Preis	1.000,- EUR	600,- EUR	500,- EUR	300,- EUR
variable Kosten	650,- EUR	470,- EUR	300,- EUR	250,- EUR

a) Ermitteln Sie das Nettoergebnis mithilfe der mehrstufigen Deckungsbeitragsrechnung!

b) Beurteilen Sie das Produktprogramm!

Aufgabe 3)

Die Lack AG ist Zulieferer der Bike GmbH und lackiert die Rahmen der zwei Mountain-Bikes „Pegasus" und „Ikarus" mithilfe einer Speziallackiermaschine. Für die Bearbeitung des Ikarus benötigt die Maschine 40 Min., für die etwas aufwändigere Lackierung des Pegasus 120 Min. Folgende weitere Daten liegen vor:

	Rahmen „Ikarus"	Rahmen „Pegasus"
Verkaufspreis	40,- EUR/St.	80,- EUR/St.
variable Kosten	30,- EUR/St.	40,- EUR/St.

Die Maschine hat eine Kapazität von 300 h pro Monat. Da die Bike GmbH einen Auftrag von einem europäischen Fahrradgroßhändler bekommen hat, beauftragt sie die Lack AG, 150 Rahmen für das Modell Ikarus und 120 Rahmen für das Modell Pegasus zu lackieren. Die Bike GmbH besteht darauf, dass der Auftrag in einem Monat fertiggestellt werden soll. Der Lack AG wird es allerdings freigestellt, welche Mengen sie je Modell als Auftrag annimmt, da die Bike GmbH noch weitere Zulieferer hat.

Welches Produktionsprogramm ist für die Lack AG am günstigsten?

Aufgabe 4)

Die Bike GmbH prüft, ob der Rahmen des Modells Ikarus weiterhin von der Lack AG lackiert werden soll oder ob sich die Lackierung der Rahmen im eigenen Hause rechnen würde.

Folgende Daten liegen vor:

	Eigenfertigung	Fremdbezug
variable Kosten/St.(k_{var})	40,- EUR/St.	
Fixkosten (K_{fix})	20.000,- EUR	
Beschaffungspreis (p_{Bezug})		80,- EUR/St.

Wie viele Rahmen für das Modell Pegasus müssen mindestens lackiert werden, damit sich die Eigenfertigung lohnt?

Aufgabe 5)

Die Lederball AG plant mit dem Fußballstar Ulli Kuhn eine Werbekampagne, um den Absatz des neuen Hightech-Fußballs anzukurbeln. Die Gage von Ulli Kuhn sowie die Kosten der Werbekampagnen belaufen sich auf 400.000,- EUR. Ein Fußball kostet 80,- EUR/St., die variablen Kosten belaufen sich auf 25,- EUR/St. Es sind genügend Produktionskapazitäten vorhanden, um eine steigende Nachfrage zu befriedigen.

Wie viele Fußbälle müssen mindestens verkauft werden, damit sich die Werbekampagne trägt?

Antworten zu den Kontrollfragen Lerneinheit 5

1. Der wesentliche Unterschied zwischen der Teilkostenrechnung und der Vollkostenrechnung besteht darin, dass in der Teilkostenrechnung die fixen Gemeinkosten nicht in die Zuschlagssätze mit eingehen, sondern sämtliche Fixkosten zusammengefasst werden und in der Kostenträgerzeitrechnung von der Summe der Deckungsbeiträge abgezogen werden.
2. In der einstufigen Deckungsbeitragsrechnung werden die Kosten in der Kostenartenrechnung in variable und fixe Anteile aufgeteilt. Die Fixkosten werden in einem Block zusammengefasst und nicht weiter differenziert. In der Kostenstellenrechnung werden die Zuschlagssätze nur für die variablen Gemeinkosten ermittelt. In der Kostenträgerrechnung werden die Fixkosten von der Summe der Deckungsbeiträge abgezogen, um das Nettoergebnis zu erhalten.
3. In der mehrstufigen Deckungsbeitragsrechnung erfährt der Fixkostenblock eine nähere Differenzierung. Es wird im Allgemeinen zwischen Erzeugnisfixkosten, Erzeugnisgruppenfixkosten, Bereichsfixkosten und Unternehmensfixkosten unterschieden.
4.
   - Break-even-Analyse
   - Preisuntergrenzen & Zusatzaufträge
   - Engpassrechnung (optimales Produktionsprogramm)
   - Eigenfertigung / Fremdbezug
   - Investitionsentscheidungen
5. Der Break-even-Point ist der Schnittpunkt zwischen der Erlöskurve und der Kostenkurve. An diesem Punkt hat das Unternehmen die Gewinnschwelle erreicht, d.h. ab dem nächsten verkauften Produkt macht das Unternehmen Gewinn. Die Break-even-Menge ist die Absatzmenge, mit der die Gewinnschwelle erreicht wird.
6. Die kurzfristige Preisuntergrenze sind die variablen Kosten, da die Fixkosten sich kurzfristig nicht abbauen lassen. Jeder Preis, der über den variablen Kosten liegt, liefert somit einen Deckungsbeitrag zur Deckung der Fixkosten.

Lösungen zum Prüfungstraining Lerneinheit 5

Lösung - Aufgabe 1)

a) Zuerst werden die Herstellkosten (variable Kosten) pro Stück kalkuliert:

MEK	300,- EUR
+ MGK (20 %)	60,- EUR
+ FEK	250,- EUR
+ FGK (50 %)	125,- EUR
HK	735,- EUR

Die Herstellkosten entsprechen den variablen Kosten. Somit ergibt sich ein Deckungsbeitrag pro Stück von:

Verkaufspreis	1.000,- EUR
- variable Kosten	735,- EUR
Deckungsbeitrag/St. (db)	265,- EUR

Im ersten Quartal ergibt sich ein Gesamtdeckungsbeitrag (DB) von:

Ausbringungsmenge * db = DB

150 St. * 265,- EUR/St. = 39.750,- EUR

Das Nettoergebnis ergibt sich aus:

Gesamtdeckungsbeitrag:	39.750,- EUR
- Fixkosten:	20.000,- EUR
Nettoergebnis:	**19.750,- EUR**

b) Break-even-Menge = Fixkosten / Stückdeckungsbeitrag

20.000,- EUR / 265,- EUR/St. = 75,47 St.

Die Break-even-Menge liegt bei 76 (gerundet) verkauften Mountain-Bikes.

Lösung - Aufgabe 2)

a)

	Mountain-Bike		Stadtfahrrad	
	Pegasus	**Ikarus**	**Alpha**	**Omega**
Umsatzerlöse	80.000,-	72.000,-	15.000,-	3.000,-
- variable Kosten	52.000,-	56.400,-	9.000,-	2.500,-
Deckungsbeitrag I	28.000,-	15.600,-	6.000,-	500,-
-Erzeugnisfixkosten	3.000,-	3.000,-	3.000,-	3.000,-
	25.000,-	12.600,-	3.000,-	- 2.500,-
Deckungsbeitrag II	**37.600,-**		**500,-**	
- Erzeugnis-gruppenfixkosten	5.000,-		2.000,-	
	32.600,-		- 1.500,-	
Deckungsbeitrag III	**31.100,-**			
- Unternehmens-fixkosten	10.000,-			
Nettoergebnis	**21.100,-**			

(in EUR)

b) Das Stadtfahrrad „Omega" ist das Sorgenkind der Produktpalette, da es nicht einmal die erzeugnisabhängigen Fixkosten abdeckt. Die Produktgruppe „Stadtfahrrad" würde ohne Omega ein besseres Ergebnis liefern. Die Bike GmbH hat folgende Handlungsalternativen bezüglich Omega:

- Produktion einstellen,
- prüfen, ob ein höherer Preis durchsetzbar ist,
- prüfen, ob variable oder fixe Kosten gesenkt werden können.

Lösung - Aufgabe 3)

Zuerst wird der absolute Deckungsbeitrag je Produkt errechnet:

	Ikarus	**Pegasus**
Verkaufspreis	40,- EUR/St.	80,- EUR/St.
- **variable Kosten**	30,- EUR/St.	40,- EUR/St.
Deckungsbeitrag	10,- EUR/St.	40,- EUR/St.

Anschließend wird ermittelt, ob ein Kapazitätsengpass vorliegt:

	Ikarus	Pegasus
Fertigungsdauer/Stück	40 min	120 min
Auftragsmenge	150 St.	120 St.
Fertigungsdauer Auftrag	6.000 min	14.400 min
gesamt	20.400 min	
- **Kapazität**	18.000 min	
Kapazitätsüberdeckung	2.400 min	

Der Auftrag übersteigt die Kapazität um 2.400 Min. (40h). Es besteht also ein Engpass.

Um zu bestimmen, welches Produktionsprogramm für das Unternehmen am gewinnbringendsten ist, müssen nun die absoluten Deckungsbeiträge in relative Deckungsbeiträge umgerechnet werden.

	Ikarus	Pegasus
Deckungsbeitrag/Stück	10,- EUR/St.	40,- EUR/St.
Bearbeitungsdauer	40 min/St.	120 min/St.
Deckungsbeitrag/min.	0,25 EUR/min	0,33 EUR/min

Das Modell Pegasus hat einen höheren relativen Deckungsbeitrag als das Modell Ikarus. Die Lack AG sollte deshalb zuerst den kompletten Auftrag für das Modell Pegasus bearbeiten und dann die restlichen Kapazitäten auf das Modell Ikarus verwenden.

Das Produktionsprogramm erhält somit die folgende Form:

Gesamtkapazität: 18.000 min.

Auftrag Pegasus: 120 St. * 120 min = 14.400 min

verbleibende Kapazität: 18.000 min. – 14.400 min. = 3.600 min.

Es verbleiben 3.600 Min. für die Produktion von Ikarus. Zur Bestimmung der Produktionsmenge von Ikarus muss die verbleibende Kapazität durch die Fertigungszeit pro Stück geteilt werden:

3.600 min. / 40 min./St. = 90 St.

Das Produktionsprogramm der Lack AG erhält somit folgende Form:

Ikarus	Pegasus
90 St.	120 St.

Lösung - Aufgabe 4)

$$K_{fix} + k_{var} * x = p_{Bezug} * x$$

$$\Leftrightarrow \quad 20.000{,}\text{- EUR} + 40{,}\text{- EUR/St.} * x = 80{,}\text{-EUR/St.} * x$$

$$\Leftrightarrow \quad 20.000{,}\text{- EUR} = 40{,}\text{-EUR/St.} * x$$

$$\Leftrightarrow \quad x = 500 \text{ St.}$$

Ab einer Menge von 500 Stück ist die Eigenfertigung günstiger.

Lösung - Aufgabe 5)

Break-even-Menge:

400.000,- EUR / 55,- EUR/St. = 7.272,72 St.

Die Lederball AG muss zusätzlich 7.273 Bälle verkaufen.

Lerneinheit 6

Die Plankostenrechnung

In dieser Lerneinheit sollen Sie folgende Lernziele erreichen:

- die Plankostenrechnungssysteme anwenden können,
- Abweichungsanalysen durchführen können,
- Abweichungen auf möglichen Ursachen rückführen können.

6.1 Grundlagen

Die Plankostenrechnung ist ein System der Kostenrechnung, bei dem die Kosten nach Menge und Preis vorausgeplant werden. Sie kompensiert damit die Nachteile der rückwärtsgewandten Ist- oder Normalkostenrechnung, da durch die Vorausplanung bereits absehbare zukünftige Preissteigerungen bei den Produktionsfaktoren in die Kalkulation mit eingerechnet werden können.

Die Plankostenrechnung kann als Voll- oder Teilkostenrechnung (Grenzplankostenrechnung) durchgeführt werden.

Prüfungstraining: Plankostenrechnung, Voll-/Teilkosten

Das Controlling der Möbel AG plant die Kosten für die Produktsparte „Büromöbel" der kommenden Rechnungsperiode im Voraus. Es wird für diesen Bereich von einer Planbeschäftigung von 5.000 h ausgegangen. Folgende Einzelkosten werden geplant:

	Betrag	Kostenart
Fertigungsmaterial	250.000,- EUR	Materialeinzelkosten (MEK)
Fertigungslöhne	300.000,- EUR	Fertigungseinzelkosten

Für die Kostenstellen werden folgende Gemeinkosten geplant:

Kostenstelle	K_{var}	K_{fix}	Bezugsgröße
Material	60.000,-	20.000,-	Materialeinzelkosten
Fertigung	120.000,-	60.000,-	Fertigungseinzelkosten
Verwaltung	0,-	81.000,-	Herstellkosten
Vertrieb	20.000,-	20.500,-	Herstellkosten

(in EUR)

Für die Produktkalkulation der Büroausstattung „Rustikal“ liegen folgende Plandaten vor:

Materialverbrauch: 3 m³ veredeltes Buchenholz,

Plan-Materialpreis: 60,- EUR/m³,

Fertigungszeit: 12 h.

a) Berechnen Sie die Vollplan- und die Teilplankosten je Büroausstattung „Rustikal“!

b) Berechnen Sie den Stückgewinn und Stückdeckungsbeitrag, wenn der Nettoverkaufspreis 2.200,- EUR betragen soll (Kundenrabatt 10 %).

c) Am Ende der Abrechnungsperiode zeigt sich, dass der Materialplanpreis je m³ Buchenholz falsch eingeschätzt worden ist. Der Holzmarkt boomt stärker als angenommen. Der Preis ist auf 100,- EUR/m³ angestiegen (Ist-Preis). Die restlichen Werte entsprechen den Planwerten! Um wie viel Prozent sinken durch die Preisabweichung der Stückgewinn und der Stückdeckungsbeitrag?

Lösung:

a) Zur Ermittlung der Herstellkosten müssen zunächst die Verrechnungssätze bestimmt werden:

Gemein-kosten	K_{var}	K_{fix}	Bezugsgröße	Zuschlagssatz	
				Voll	Teil
Material	60.000,-	20.000,-	MEK: 250.000,-	32 %	24 %
Fertigung	120.000,-	60.000,-	FEK: 300.000,-	60 %	40 %
Verwaltung	0,-	81.000,-	HK_{Voll}: 810.000,- HK_{Teil}: 730.000,-	10 %	0 %
Vertrieb	20.000,-	20.500,-	HK_{Voll}: 810.000,- HK_{Teil}: 730.000,-	5 %	2,74 %

b) Berechnen der Selbstkosten (SK) je Stück in der Vollkosten- und Teilkostenrechnung:

Vollkosten (in EUR)			Berechnung
MEK		180,-	3 m³ * 60 m³ = 180,-
+ MGK	32 %	57,60	32 % von MEK
FEK	(12h)	720,-	300.000,- / 5.000 h = 60,- EUR/h
+ FGK	60 %	432,-	60 % von FEK
HK		**1.389,60**	**Summe (MEK bis HK)**
+ VwGK	10 %	138,96	10 % von HK
+ VtGK	5 %	69,48	5 % von HK
SK		**1598,04**	**Summe (HK bis SK)**

Teilkosten (in EUR)			Berechnung
MEK		180,-	3 m^3 * 60 m^3 = 180,-
+ MGK	24 %	43,20	24 % von MEK
+ FEK	(12h)	720,-	300.000,- / 5.000 h = 60,- EUR/h
+ FGK	40 %	288,-	40 % von FEK
HK		**1.231,20**	**Summe (MEK bis HK)**
+ VwGK	0 %	0,-	0 % von HK
+ VtGK	2,74%	33,73	2,73% von HK
SK		**1.264,93**	**Summe (HK bis SK)**

a)

(in EUR)	**Voll**	**Teil**
Verkaufspreis	2.200,-	2.200,-
- Kundenrabatt	220,-	220,-
- Selbstkosten	1.598,04	1.264,93
= Stückgewinn	381,96	-----
= Stückdeckungsbeitrag	-----	715,07

c)

Vollkosten (in EUR)			Berechnung
MEK		300,-	3 m^3 * 100 EUR/m^3 = 300,- EUR
+ MGK	32 %	96,-	32 % von MEK
+ FEK	(12h)	720,-	300.000,- / 5.000 h = 60,- EUR/h
+ FGK	60 %	432,-	60 % von FEK
HK		**1.548,-**	**Summe (MEK bis HK)**
+ VwGK	10 %	154,80	10 % von HK
+ VtGK	5 %	77,40	5 % von HK
SK		**1.780,20**	**Summe (HK bis SK)**

Teilkosten (in EUR)			Berechnung
MEK		300,-	3 m^3 * 100 EUR/m^3 = 300,- EUR
+ MGK	24 %	72,-	24 % von MEK
+ FEK	(12h)	720,-	300.000,- / 5.000 h = 60,- EUR/h
+ FGK	40 %	288,-	40 % von FEK
HK		**1.380,-**	**Summe (MEK bis HK)**
+ VwGK	0 %	0,-	0 % von HK
+ VtGK	2,74 %	37,81	2,74 % von HK
SK		**1.417,81**	**Summe (HK bis SK)**

in EUR	Voll	Teil
Verkaufspreis	2.200,-	2.200,-
- Kundenrabatt	220,-	220,-
- Selbstkosten	1780,20	1.417,81
= Stückgewinn$_{Ist}$	199,80	-----
= Stückdeckungsbeitrag$_{Ist}$	-----	562,19
Stückgewinn$_{Plan}$	381,96	-----
Stückdeckungsbeitrag$_{Plan}$	-----	715,07
Differenz	181,16	152,88
% Differenz	47,43 %	21,38 %

Die Fehleinschätzung des Faktorpreises Material führt dazu, dass in der Vollkostenrechnung der Stückgewinn um 47,43 % sinkt. In der Teilkostenrechnung sinkt der Stückdeckungsbeitrag um immerhin 21,35 %. Das Beispiel zeigt, dass sich eine Fehleinschätzung in der Zuschlagskalkulation noch vergrößert, da über die prozentualen Zuschlagssätze Fehler „weitergereicht" werden.

6.2 Abweichungsanalyse in der Plankostenrechnung

Eine aussagekräftige Kostenkontrolle ist in der Istkostenrechnung nicht möglich, da sie vergangenheitsbezogen ist und erst im Nachhinein ermittelt, welche Kosten wo in welcher Höhe angefallen sind. Ein Vergleich der Vorkalkulation zu Normalkosten mit der Nachkalkulation zu Istkosten ermittelt zwar Kostenabweichungen, allerdings sind diese Differenzen oft auch auf ungenaue Normalkostensätze zurückzuführen. In der Kostenkontrolle der Plankostenrechnung wird untersucht, inwiefern Abweichungen im Vergleich zu den Plandaten bestehen. Liegen Abweichungen vor, unternimmt die Kostensteuerung Maßnahmen, um die Kostenziele zu realisieren.

6.2.1 Starre Plankostenrechnung

In der starren Plankostenrechnung werden die Plankosten den tatsächlich angefallenen Kosten gegenübergestellt, um Kostenabweichungen festzustellen. Da nicht nur die Verbrauchsmenge oder die Faktorpreise, sondern auch die Beschäftigung und das Produktionsvolumen schwanken können, müssen die Planwerte, die auf der Basis einer Planbeschäftigung voraus gerechnet worden sind, der Istbeschäftigung angepasst werden, um die Werte vergleichbar zu machen. Da die starre Plankostenrechnung keine Unterscheidung zwischen fixen und variablen Kosten vornimmt, ist sie stets eine Vollkostenrechnung.

Folgende Vorgehensweise ist bei einer Soll-Ist-Analyse in der starren Plankostenrechnung vorzunehmen:

1. Schritt: Der Plankostenverrechnungssatz (PKVS) wird berechnet. Die gesamten Kosten werden auf die Beschäftigung umgerechnet, um die Plankosten pro Beschäftigungseinheit zu erhalten:

$$PKVS = \frac{\text{gesamte Plankosten } (K_{Plan})}{\text{Planbeschäftigung } (x_{Plan})}$$

2. Schritt: Der Plankostensatz wird mit der Istbeschäftigung multipliziert, um die verrechneten Plankosten (**verr.**K_{Plan}) zu erhalten:

$$\text{verr.}K_{Plan} = PKVS * \text{Istbeschäftigung}(x_{Ist})$$

3. Schritt: Die Abweichung ergibt sich aus der Subtraktion der verrechneten Plankosten von den Istkosten:

$$\text{Abweichung} = \text{Istkosten } (K_{Ist}) - \text{verr.}K_{Plan}$$

Prüfungstraining: Starre Plankostenrechnung

Die Möbel AG plant die Kosten der Kostenstelle Fertigung für die nächste Rechnungsperiode. Es wird von einer Planbeschäftigung von 1.000 h ausgegangen. Man vermutet, dass Kosten in Höhe von 30.000,- EUR anfallen werden. Am Ende der Rechnungsperiode möchte man die Abweichungen mithilfe einer Soll-Ist-Analyse feststellen. Die tatsächliche Beschäftigung belief sich auf 800 h. Es sind Kosten in Höhe von 28.000,- EUR angefallen.

a) Wie hoch ist die Abweichung?

b) Beurteilen Sie die Aussagefähigkeit der errechneten Abweichung bei der starren Plankostenrechnung!

Lösung:

a) Zunächst wird der Plankostenverrechnungssatz (PKVS) berechnet:

PKVS = 30.000,- EUR / 1.000 h = 30,- EUR/h

Anschließend werden die verrechneten Plankosten (verr.K_{Plan}) berechnet:

verr.K_{Plan} = 30,- EUR/h * 800 h = 24.000,- EUR

Dann werden die tatsächlich angefallenen Istkosten den verrechneten Plankosten gegenübergestellt, um Kostenabweichungen festzustellen:

Abweichung = K_{Ist} – verr.K_{Plan}

Es ergibt sich somit folgende Abweichung (Abw):

Abw = 28.000,- EUR – 24.000,- EUR = 4.000,- EUR

b) Die starre Plankostenrechnung ist zwar einfach in der Anwendung, hat aber den Nachteil, dass die errechnete Abweichung nicht sehr aussagekräftig ist. Problematisch ist insbesondere, dass in den Plankosten die Fixkosten enthalten sind, die dann bei der Berechnung des Planverrechnungssatzes proportionalisiert werden. Diese Proportionalisierung der Fixkosten verursacht eine Verzerrung der Abweichung, da bei einer unterschiedlichen Plan- und Istbeschäftigung zu wenig oder zu viele Fixkosten über den Verrechnungssatz berechnet werden. Aufgrund ihrer geringen Aussagefähigkeit ist die starre Plankostenrechnung für die Praxis deshalb fast bedeutungslos geworden.

6.2.2 Flexible Plankostenrechnung

6.2.2.1 Flexible Plankostenrechnung auf Vollkostenbasis

Die flexible Plankostenrechnung versucht die Mängel der starren Plankostenrechnung aufzugreifen, indem die Kosten in fixe und variable Kosten aufgeteilt werden. Es handelt sich jedoch trotzdem um eine Vollkostenrechnung, da den Kostenträgern die Fixkosten zugerechnet werden. Um in einer Soll-Ist-Analyse Abweichungen ermitteln zu können, werden die Plankosten an eine von der Planbeschäftigung abweichende Istbeschäftigung angepasst.

Die Plankosten ermitteln sich somit folgendermaßen:

$$K_{Plan} = K_{Fix\text{-}Plan} + k_{var\text{-}Plan} * x_{Plan}$$

K_{Plan} = Plankosten

$K_{Fix\text{-}Plan}$ = geplante Fixkosten

$k_{var\text{-}Plan}$ = variable Planstückkosten

x_{Plan} = Planbeschäftigung

Der Plankostenverrechnungssatz errechnet sich wie folgt:

$$PKVS = \frac{K_{Plan}}{x_{Plan}}$$

Die verrechneten Plankosten ergeben sich dann aus dem Produkt des PKVS multipliziert mit der Istbeschäftigung.

$$verr.K_{Plan} = PKVS * x_{Ist}$$

Die Sollkosten sind die an die Istbeschäftigung angepassten Plankosten. Sie errechnen sich folgendermaßen:

$$K_{Soll} = K_{Fix\text{-}Plan} + k_{var\text{-}Plan} * x_{Ist}$$

Die Sollkosten können auch mithilfe des sog. Variators errechnet werden. Der Variator ist ein Wert zwischen 0 und 10 und gibt an, um wie viel Prozent die Sollkosten von den Plankosten abweichen, wenn die Ist-Beschäftigung von der Planbeschäftigung um 10 % abweicht. Der Variator (V) gilt nach seiner Berechnung als Konstante:

$$\text{Variator (V)} = \frac{K_{Var} * 10}{K_{Ges}}$$

K_{Var} = gesamte variable Kosten

K_{Ges} = Gesamtkosten

Zu Berechnung der Sollkosten kann mithilfe des Variators folgende Formel verwendet werden:

Herleitung:

Als Ausgangsbasis wird die bisherige Formel für die Sollkosten verwendet:

$K_{Soll} = K_{Fix\text{-}Plan} + k_{var\text{-}Plan} * x_{Ist}$

Die Fixkosten entsprechen den Gesamtkosten abzüglich des variablen Kostenanteils:

$K_{Fix\text{-}Plan} = K_{Plan} *(1 - V/10)$

Die variablen Plankosten betragen:

$K_{Plan\text{-}var} = K_{Plan} *(V/10)$

Angepasst an den Beschäftigungsgrad ergibt sich:

$K_{Soll\text{-}var} = K_{Plan} *(V/10)* x_{Ist} / x_{Plan}$

Zusammengesetzt ergibt sich die folgende Formel:

$$\mathbf{K_{Soll} = K_{Plan} *(1 - V/10) + K_{Plan} *(V/10)* x_{Ist} / x_{Plan}}$$

Prüfungstraining: Berechnungen mithilfe des Variators

Die gesamten Plankosten belaufen sich auf 1.000.000,- EUR. Die variablen Plankosten betragen 600.000,- EUR. Die Planbeschäftigung liegt bei 80.000 Stück.

a) Berechnen Sie den Variator!

b) Berechnen Sie die Sollkosten, wenn die Planbeschäftigung um

b1) 10 %,

b2) 30 % unterschritten worden ist!

Lösung:

a) Variator = (600.000,- *10) / 1.000.000,- EUR
= 6

b1) Die Planbeschäftigung wurde um 10 % unterschritten:

$K_{Soll} = K_{Plan} *(1 - V/10) + K_{Plan} *(V/10)* x_{Ist} / x_{Plan}$

K_{Soll} = 1.000.000,- EUR * (1 - 6/10) + 1.000.000,- EUR *(6/10) * (72.000 St./80.000St.)
= 400.000,- EUR + 540.000,- EUR
= 940.000,- EUR

b2) Die Planbeschäftigung wurde um 30 % unterschritten:

K_{Soll} = 1.000.000,- EUR * (1- 6/10) + 1.000.000,- EUR *(6/10) * (56.000 St./80.000 St.)
= 400.000,- EUR + 420.000,- EUR
= 820.000,- EUR

6.3 Abweichungen in der flexiblen Plankostenrechnung

Da in der flexiblen Plankostenrechnung die Plankosten, Sollkosten und die verrechneten Plankosten differenziert berechnet werden, lässt sich anstatt einer nur bedingt aussagefähigen allgemeinen Kostenabweichung eine Beschäftigungs- und eine Verbrauchsabweichung feststellen.

Die Beschäftigungsabweichung (BA) ergibt sich, wenn die tatsächliche Auslastung der Produktionskapazitäten von der geplanten Auslastung abweicht (z.B. es werden nur 800 St. anstatt der geplanten 1.000 St. eines Schrankes produziert).

Die kostenmäßig bewertete Beschäftigungsabweichung ergibt sich dann aus der Differenz der verrechneten Plankosten mit den Sollkosten.

Beschäftigungsabweichung (BA) = verr.K_{Plan} - K_{Soll}

Die Beschäftigungsabweichung zeigt die Höhe der zuviel oder zuwenig berechneten Fixkosten.

Die Verbrauchsabweichung ergibt sich aus der Differenz von Soll- und Istkosten. Es werden damit die Plankosten auf Basis der Ist-Beschäftigung den tatsächlichen angefallenen Kosten (Ist-Kosten) gegenübergestellt.

Verbrauchsabweichung (VA) = K_{Soll} - K_{Ist}

Unter der Annahme, dass die Plan-Fixkosten mit den Ist-Fixkosten übereinstimmen, zeigt die Verbrauchsabweichung die Differenz der gesamten variablen Kosten an.

Die Gesamtabweichung (GA) ergibt sich dann durch Addition der Beschäftigungs- und Verbrauchsabweichung:

Gesamtabweichung (GA) = BA + VA

Prüfungstraining: Bestimmung der Abweichungen, Ursachen für Abweichungen

Die Möbel AG plant, in der nächsten Rechnungsperiode 3.000 St. eines Büroschrankes aus Buchenholz zu fertigen. Die Fixkosten der Periode belaufen sich auf 300.000,- EUR. Die variablen Kosten pro Schrank belaufen sich auf 300,- EUR/St. Am Ende der Rechnungsperiode zeigt sich, dass nur 2.500 St. hergestellt worden sind, da ein neuer Billiganbieter auf den Markt gekommen ist.

a) Berechnen Sie die Plankosten, den Plankostenverrechnungssatz, die Sollkosten sowie die Beschäftigungs- und Verbrauchsabweichung!

b) Nennen Sie Gründe für die Beschäftigungs- und Verbrauchsabweichung!

Lösung:

a) Errechnung der Plankosten:

$$K_{Plan} = K_{Fix\text{-}Plan} + k_{var\text{-}Plan} * x_{Plan}$$

$$= 300.000,\text{- EUR} + 300,\text{- EUR} * 3.000 \text{ St.}$$

$$= 1.200.000,\text{- EUR}$$

Plankostenverrechnungssatz:

$$PKVS = \frac{1.200.000,\text{- EUR}}{3.000 \text{ St.}}$$

$$= 400,\text{- EUR/St.}$$

verrechnete Plankosten:

$$verr.K_{Plan} = PKVS * x_{Ist}$$

$$= 400,\text{-EUR/St.} * 2.500 \text{ St.}$$

$$= 1.000.000,\text{- EUR}$$

Errechnung der Sollkosten:

$$K_{Soll} = K_{Fix\text{-}Plan} + k_{var\text{-}Plan} * x_{Ist}$$

$$= 300.000,\text{- EUR} + 300,\text{- EUR} * 2.500 \text{ St.}$$

$$= 1.050.000,\text{- EUR}$$

Beschäftigungsabweichung:

$$BA = verr.K_{Plan} - K_{Soll}$$

$$= 1.000.000,\text{- EUR} - 1.050.000,\text{- EUR}$$

$$= -50.000,\text{- EUR}$$

Die Beschäftigungsabweichung beträgt -50.000,- EUR, d.h. dass durch die niedrigere Herstellungsmenge 50.000,- EUR Fixkosten nicht verrechnet worden sind.

Verbrauchsabweichung(VA) = $K_{Soll} - K_{Ist}$

Die Istkostenrechnung zeigt, dass in der Rechnungsperiode Istkosten (K_{Ist})in Höhe von 1.200.000,- EUR angefallen sind. Die Sollkosten (K_{Soll}) betragen: 1.050.000,- EUR

$$VA = 1.050.000,\text{- EUR} - 1.200.000,\text{- EUR}$$

$$= -150.000,\text{- EUR}$$

b) Gründe für eine Beschäftigungsabweichung können sein:

- eine zu optimistische Absatzprognose,
- neue Konkurrenten auf dem Markt,
- neue oder bessere Konkurrenzprodukte,
- die Entwicklung der allgemeinen wirtschaftlichen Situation (z.B. Konsumrückgang etc.).

Für eine Beschäftigungsabweichung ist nicht der Kostenstellenleiter, sondern allenfalls die Geschäftsleitung verantwortlich.

Gründe für eine Verbrauchsabweichung können sein:

- ein unwirtschaftlicher Umgang mit den eingesetzten Ressourcen,
- Materialfehler, z.B. mangelhafte Qualität,
- schlecht ausgebildete oder unmotivierte Arbeitskräfte,

- eine Maschinen verbraucht aufgrund eines Defektes mehr als geplant Rohstoffe und Energie (u.v.m.).

Die Verbrauchsabweichungen sind vom Kostenstellenleiter dann zu verantworten, wenn er sie beeinflussen kann. Bei anderen Ursachen (z.B. schlecht ausgebildetes Personal) obliegt es seiner Verantwortung, diese Ursachen umgehend nach ihrer Aufdeckung der Geschäftsleitung zu melden.

Prüfungstraining: Variatorberechnungen, Verbrauchsabweichung

Das Controlling der Möbel AG hat für Lackiermittel der Kostenstelle „Endfertigung" für die nächste Rechnungsperiode Plankosten i.H.v. 30.000,- EUR eingeplant. Der Variator beträgt 5. Am Ende der Rechnungsperiode beläuft sich der Beschäftigungsgrad auf 80 %. Bei einer Auslastung von 100 % beträgt die Fertigungszeit 1.200 h. Die Istkosten belaufen sich auf 26.000,- EUR.

a) Wie hoch ist die Verbrauchsabweichung der Lackiermittel für die Rechnungsperiode?

b) Nennen Sie Verantwortliche und Gründe für die Abweichung!

Lösung:

a) Berechnung der Sollkosten für Lackiermittel:

$$\mathbf{K_{Soll} = K_{Plan} \cdot (1 - V/10) + K_{Plan} \cdot (V/10) \cdot x_{Ist} / x_{Plan}}$$

$$K_{Soll} = 30.000,\text{- EUR} \cdot (1 - 5/10) + 30.000,\text{- EUR} \cdot (5/10) \cdot 80 / 100$$

$$= 15.000,\text{- EUR} + 15.000,\text{- EUR} \cdot 0,8$$

$$= 27.000,\text{- EUR}$$

Die Sollkosten bei einem Beschäftigungsgrad von 80 % betragen 27.000,- EUR.

Anmerkung: Ist der Beschäftigungsgrad bereits in der Aufgabe angegeben, dann brauchen Sie mit der Fertigungszeit selbst nicht mehr zu rechnen.

Istkosten:

K_{Ist} = 26.000,- EUR

Verbrauchsabweichung:

$$VA = K_{Soll} - K_{Ist}$$

$$= 27.000,\text{- EUR} - 26.000,\text{- EUR}$$

$$= 1.000,\text{- EUR}$$

Die Kostenstelle hat gegenüber dem geplanten Verbrauch 1.000,- EUR eingespart!

b) Der Erfolg von Einsparungen gebührt dem Kostenstellenleiter. Diese können erreicht worden sein durch eine effizientere Arbeitsweise, Lerneffekte beim Personal, Umstrukturierung der Arbeitsschritte etc.

6.4 Grenzplankostenrechnung

Die Grenzplankostenrechnung ist eine Deckungsbeitragsrechnung. Die Beschäftigung ist die einzige Kosteneinflussgröße. Sie unterscheidet sich von der bisher behandelten Ist-Teilkostenrechnung dadurch, dass der Verbrauch der Produktionsfaktoren bezüglich der Menge und des Preises für eine Planungsperiode festgelegt wird. Die Kosten, die in einer Periode anfallen, werden somit im Voraus geplant.

Der Hauptzweck der Grenzplankostenrechnung ist darin zu sehen, dass die geplanten Kosten, die sich aus Planpreis und Planmenge zusammensetzen, mit den tatsächlich angefallenen Kosten verglichen werden, sodass eine Soll-Ist-Analyse durchführbar ist.

Der Begriff der Grenzkosten bezeichnet die Kosten, die bei einer zusätzlichen Produktionseinheit entstehen. Die fixen Kosten werden nicht den Kostenträgern zugerechnet, sondern für das gesamte Unternehmen in einem Fixkostenblock zusammengefasst. Bei den Fixkosten ist eine Vorausplanung meist unnötig, da sie längerfristig in der gleichen Höhe anfallen und nicht vom Produktionsprozess abhängen.

Beispiel:

Die Höhe der monatlichen Miete für eine Fertigungshalle ist auf zwei Jahre vertraglich festgelegt. Die Mietkosten werden durch Beschäftigungsschwankungen in der Produktion nicht beeinflusst.

Die variablen Kosten setzen sich aus Faktorpreis und Verbrauchsmenge (z.B. Einkaufspreise für die Rohstoffe, Verbrauchsmengen bei der Produktion) zusammen und unterliegen ständigen Änderungen. Deshalb ist es für ein Unternehmen wichtig, diese Schwankungen vorauszuplanen, um dementsprechende Preise, Budgetverteilungen etc. festsetzen zu können.

6.4.1 Abweichungsanalyse in der Grenzplankostenrechnung

Wenn im Folgenden von Plan-, Soll- und Istkosten gesprochen wird, so sind damit immer die variablen Kosten gemeint.

Die Kostenkontrolle wird durch eine Soll-Ist-Analyse vorgenommen. Die Plankosten werden ermittelt, indem ein bestimmter Planpreis für den Produktionsfaktor und ein bestimmter Mengenverbrauch (Beschäftigung) für die Planungsperiode festgelegt werden.

$$K_{Plan} = k_{var\text{-}Plan} * x_{Plan}$$

Die Sollkosten sind die auf die tatsächliche Beschäftigung umgerechneten Plankosten.

$$K_{Soll} = k_{var\text{-}Plan} * x_{Ist}$$

In einer Soll-Ist-Analyse werden dann die Sollkosten mit den Istkosten verglichen. Die Differenz ergibt die Verbrauchsabweichung (VA). Da die fixen Kosten in der Grenzplankostenrechnung nicht auf die Kostenträger verrechnet werden, gibt es keine Beschäftigungsabweichung.

Prüfungstraining: Grenzkosten, Abweichungsanalyse

Die Autoteile AG ist ein Zulieferer großer Autohersteller und hat sich auf die Fertigung von kompletten Türsystemen spezialisiert. Das Controlling plant nun die Kosten für den nächsten Monat. Aufgrund bereits bestehender Produktionsaufträge und der Absatzprognosen des Marketings wird davon ausgegangen, dass im nächsten Monat 50.000 Türsysteme gefertigt werden. Die Fixkosten des Unternehmens belaufen sich je Monat auf 2.000.000,- EUR. Die geplanten variablen Kosten je Türsystem betragen 180,- EUR. Am Ende des Monats vergleicht der Controller der Autoteile AG die geplante Stückzahl mit der Anzahl der tatsächlich gefertigten Türsysteme. Es stellt sich heraus, dass aufgrund der hinzugekommenen Konkurrenz durch ein anderes Unternehmen nur 35.000 Türsysteme gefertigt und abgesetzt werden konnten. Um nun für den abgelaufenen Monat eine Kostenkontrolle vornehmen zu können, errechnet er die Sollkosten.

a) Wie hoch sind die Plankosten des Monats?

b) Wie hoch sind die Sollkosten?

c) Das Controlling der Autoteile AG ermittelt in der Istkostenrechnung die Kosten für die Herstellung der Türsysteme. Die Istkosten belaufen sich auf 7.000.000,- EUR. Wie hoch ist die Verbrauchsabweichung?

Lösung:

a) Die Plankosten belaufen sich auf:

   180,- EUR/St. * 50.000 St. = 9.000.000,- EUR.

b) Die Sollkosten belaufen sich somit auf:

   35.000 St. * 180,- EUR/St. = 6.300.000,- EUR.

c) Die Verbrauchsabweichung beläuft sich damit auf:

   6.300.000,- EUR - 7.000.000,- EUR = - 700.000,- EUR.

Kontollfragen Lerneinheit 6

Die Plankostenrechnung

1. Was ist der grundlegende Unterschied zwischen der Grenzplankostenrechnung und der starren oder flexiblen Plankostenrechnung?
2. Erklären Sie die Begriffe „Plankosten", „Sollkosten" und „Istkosten"!
3. Warum ist eine effektive Kostenkontrolle in der Istkostenrechnung nicht möglich?
4. Was ist der Nachteil der starren Plankostenrechnung?
5. Worin unterscheidet sich die flexible Plankostenrechnung von der starren Plankostenrechnung?

Prüfungstraining Lerneinheit 6

Die Plankostenrechnung

Aufgabe 1)

Die Metall AG plant mithilfe der starren Plankostenrechnung die Kosten der nächsten Rechnungsperiode. Es wird von einer Planbeschäftigung von 5.000 h ausgegangen. In der Planung wird von gesamten Kosten für die Periode in Höhe von 850.000,- EUR ausgegangen. Nach Ablauf der Periode sind Kosten in Höhe von 840.000,- EUR angefallen. Die tatsächliche Beschäftigung belief sich auf 4.600 h.

a) Wie hoch ist die Abweichung?

b) Beurteilen Sie die Abweichung!

Aufgabe 2)

Die gesamten Plankosten belaufen sich auf 500.000,- EUR (Planbeschäftigung). Die variablen Plankosten betragen 400.000,- EUR.

a) Berechnen Sie den Variator!

b) Ermitteln Sie mithilfe des Variators die Sollkosten, wenn die Planbeschäftigung um 10% unterschritten wird.

c) Ermitteln Sie mithilfe des Variators die Sollkosten, wenn die Planbeschäftigung um 25% überschritten wird.

Aufgabe 3)

Die Druck AG plant in einer flexiblen Plankostenrechnung die Kosten für die Produktgruppe Druckmaschinen. Die Fixkosten belaufen sich auf 1.500.000,- EUR. Die variablen Plankosten der Druckmaschinen belaufen sich auf 4.500,- EUR/Stück. Die Planproduktionsmenge beläuft sich auf 800 St., in der Periode werden allerdings nur 650 Stück hergestellt. Die Istkosten belaufen sich auf 4.800.000,- EUR.

Berechnen Sie mögliche Beschäftigungs- und Vebrauchsabweichungen sowie die Gesamtabweichung!

Antworten zu den Kontrollfragen Lerneinheit 6

1. Die Grenzplankostenrechnung wird als Teilkostenrechnung durchgeführt. Die starre oder flexible Plankostenrechnung wird als Vollkostenrechnung durchgeführt.
2. Plankosten sind die Kosten, die voraussichtlich bei einer bestimmten Planbeschäftigung anfallen werden.

   Sollkosten sind die Kosten, die bei einer eingetretenen Istbeschäftigung hätten anfallen sollen.

   Istkosten sind die Kosten, die bei einer eingetretenen Istbeschäftigung tatsächlich angefallen sind.
3. Die Istkostenrechnung ist vergangenheitsbezogen und ermittelt nur für die abgelaufenen Rechnungsperioden die Kosten. Ein Vergleich der vorkalkulierten Normalkosten mit den angefallenen Istkosten ist problematisch, da zu viele Faktoren (z.B. Steigen der Rohstoffpreise) Abweichungen hervorrufen können, auf die das Unternehmen keinen Einfluss nehmen kann.
4. In der starren Plankostenrechnung werden keine Sollkosten berechnet. Es werden nur die Istkosten mit den verrechneten Plankosten verglichen (Budgetabweichung). Durch die Budgetabweichung lässt sich zwar grundsätzlich sagen, ob zu viele oder zu wenig Plankosten verrechnet wurden, mehr jedoch nicht. Aufgrund dieser geringen Aussagefähigkeit wird die starre Plankostenrechnung in der Praxis kaum noch angewendet.
5. Die flexible Plankostenrechnung passt in der Kostenkontrolle die Plankosten „verursachungsgerecht“ der Istbeschäftigung an, indem bei der Sollkostenberechnung nur die variablen Kosten der Istbeschäftigung angepasst werden. Dadurch lässt sich eine differenziertere Aussage über die Kostenabweichung treffen.

Lösungen zum Prüfungstraining Lerneinheit 6

Lösung - Aufgabe 1)

a) Zunächst wird der Plankostenverrechnungssatz (PKVS) festgelegt:

PKVS = 850.000,- EUR / 5.000 h = 170,- EUR/h

Anschließend werden die verrechneten Plankosten (verr.K_{Plan}) berechnet:

verr.K_{Plan} = 170,- EUR/h * 4.600 h = 782.000,- EUR

Dann werden die tatsächlich angefallenen Istkosten den verrechneten Plankosten gegenübergestellt, um Kostenabweichungen festzustellen:

Abweichung = Istkosten – verr. Plankosten
= 850.000,- EUR – 782.000,- EUR
= 68.000,- EUR

Es ergibt sich somit eine Abweichung von 68.000,- EUR.

b) Da die starre Plankostenrechnung keine weitere Differenzierung vornimmt, ist die Aussagekraft der Abweichung nur beschränkt.

Lösung - Aufgabe 2)

a) Variator = (400.000,- * 10) / 500.000,-
= 8

b) K_{Soll} = 500.000,- * (100 - **8*1**) = 460.000,-

c) Die Planbeschäftigung wurde um 25 % überschritten.

K_{Soll} = 500.000,- * (100 + **8*2,5**) = 600.000,-

Lösung - Aufgabe 3)

Errechnung der Plankosten:

$K_{Plan} = K_{Fix\text{-}Plan} + k_{var\text{-}Plan} * x_{Plan}$

K_{Plan} = 1.500.000,- EUR + 4.500,- EUR/St. * 800 St.

K_{Plan} = 5.100.000,- EUR

Plankostenverrechnungssatz:

$$PKVS = \frac{5.100.000,\text{- EUR}}{800 \text{ St.}}$$

PKVS = 6.375,- EUR/St.

Errechnung der verrechneten Plankosten:

$verr.K_{Plan} = PKVS * x_{Ist}$

$verr.K_{Plan}$ = 6.375,-EUR/St. * 650 St.

$verr.K_{Plan}$ = 4.143.750,- EUR

Errechnung der Sollkosten:

$K_{Soll} = K_{Fix\text{-}Plan} + k_{var\text{-}Plan} * x_{Ist}$

K_{Soll} = 1.500.000,- EUR + 4.500,- EUR * 650 St.

K_{Soll} = 4.425.000,- EUR

Beschäftigungsabweichung:

$BA = verr.K_{Plan} - K_{Soll}$

BA = 4.143.750, EUR - 4.425.000,- EUR

BA = -281.250,- EUR

Verbrauchsabweichung (VA) = $K_{Soll} - K_{Ist}$

VA = 4.425.000,- EUR - 4.800.000,- EUR

VA = -375.000,- EUR

Gesamtabweichung (GA) = BA + GA

GA = (-281.250,- EUR) + (-375.000,- EUR)

GA = -656.250,- EUR

Die Gesamtabweichung beträgt 656.250,- EUR.

VA = - 375.000,- EUR

Die Verbrauchsabweichung gibt einen im Vergleich zur Planmenge um 375.000,- EUR höheren Mehrverbrauch an, der vom Kostenstellenleiter zu verantworten ist.

Lerneinheit 7

Kostenmanagement und -controlling

In dieser Lerneinheit sollen Sie folgende Lernziele erreichen:

- Kenntnis von der Einbettung des Kostenmanagements und Kostenscontrollings in den betrieblichen Zusammenhang erlangen,
- Überblick über die Zielkostenrechnung erhalten,
- Überblick über die Prozesskostenrechnung erhalten,
- Kenntnis vom Kennzahlencontrolling erlangen.

7.1 Kostenmanagement und -controlling

In den letzten Jahren ist der Begriff des Kostenmanagements und des Kostencontrollings sehr populär geworden. Die Begrifflichkeiten verstehen sich als allumfassende Weiterentwicklung der Kostenrechnung, in der es primär um die Ermittlung und Zuordnung der angefallenen Kosten (Ist-Kostenrechung) geht. Auf die Ist-Kostenrechnung aufbauend, werden Plankosten prognostiziert, um dadurch eine Kostenkontrolle und Kostensteuerung vornehmen zu können. Dies schränkt jedoch den Wirkungsgrad der Kostenrechnung auf kurzfristige Reaktionen ein. Die Kostenrechnung fixiert sich zudem sehr stark auf den Produktionsprozess. Die Phasen der Forschung und Entwicklung sowie die Nachbearbeitung des Marktes werden nicht, oder höchstens in Form von Gemeinkosten miteinbezogen, obwohl die Kosten dieser Phasen direkt dem Produkt zuordenbar sind.

Das Kostenmanagement und -controlling unterscheidet sich von der bisher vorgestellten Kostenrechnung dadurch, dass damit langfristigere, strategische Entscheidungen unterstützt werden können. Im Kostenmanagement wird der gesamte Lebenszyklus eines Produktes betrachtet, der den gesamten Zeitraum der Entwicklung des Produktes bis hin zur Herausnahme des Produktes aus dem Markt und der Nachbearbeitung des Marktes (z.B. Bereitstellung von Ersatzteilen etc.) umfasst.

Insbesondere die Phase der Produktentwicklung erfordert ein geeignetes Kostenmanagement, da hier bereits zwischen 70 % und 80 % der Produktkosten begründet werden. Das Ziel, ein Produkt so zu konstruieren, dass es später kostengünstig und effizient produziert werden kann, ist wichtiger, als eine spätere, kostenverursachungsgerechte Verrechnung bereits entstandener Kosten.

Beispiel:

Baukastensystem in der Produktprogrammplanung

In Unternehmen, die eine Anzahl ähnlicher Produkte produzieren, werden die Produkte in der Entwicklungsphase so konstruiert, dass sie durch ein Bauskastensystem gefertigt werden können. D.h. das Unternehmen hat eine bestimmte Anzahl von Grundkomponenten, aus denen sich verschiedene Produkte herstellen lassen. Dies ermöglicht eine effizientere und kostengünstigere Produktion, da sich zum einen die Beschaffung auf eine bestimmte Anzahl von Produktkomponenten beschränkt und zum anderen der Produktionsvorgang in bestimmten Bereichen identisch bleibt. Der Einsatz vom Baukastensystemen bei der Produktentwicklung ermöglicht die Verwendung gleicher Baugruppen in unterschiedlichen Produkten und verringert auf höherer Ebene die Komponentenvielfalt. Produktvarianten können hierbei durch die Kombination unterschiedlicher Elemente des Baukastensystems entwickelt und produziert werden. Zur Erhöhung der Flexibilität im Montagebereich ist es zudem hilfreich, die Produkte so zu gestalten, dass die Montage kundenspezifischer Teile erst am Ende des Ablaufs erfolgt. Hierdurch wird es möglich, viele Komponenten kundenanonym vorzufertigen. Auf kurzfristige Kundenaufträge kann mit Hilfe der aktuell verfügbaren vorgefertigten Komponenten schnell reagiert werden, da nur noch wenige kundenspezifische Montageschritte durchzuführen sind. Diese Flexibilität setzt eine sorgfältige Planung der Komponentenstruktur des Produkts voraus.

Das Beispiel soll zeigen, dass eine enge Zusammenarbeit zwischen Kostenmanagement, Produktionsmanagement und Marketing notwendig ist, um eine ganzheitliche kostengünstige Produkteinführung zu gestalten. Dies geschieht in der Regeln nachfolgendem Ablauf:

Das Kostenmanagement und -controlling gibt Kostenziele vor und prognostiziert die Kosten des Produktionsprozesses. Das Produktionsmanagement versucht die Kostenziele unter Beachtung der Qualitätsziele im Produktionsprozess zu verwirklichen. Das Marketing bestimmt anhand der Ergebnisse der Marktforschung, welche Eigenschaften ein neues Produkt haben soll und welche Preis (und Kostenspielräume) der Markt erlaubt. Kostenrechnungssysteme, wie die Voll- oder Teilkostenrechnung sind weiterhin notwendig. Neben der Erfüllung ihrer bisherigen Funktionen, liefern sie die Daten, die auf höherer Ebene für strategische Entscheidungen verwendet werden. Sie sind Bestandteil des Kostenmanagements, werden aber noch durch andere Systeme ergänzt.

Das Kostenmanagement und -controlling eines Unternehmens lässt sich in mehrere Phasen unterteilen:

1. **Kostenzielsetzung:** Für bestimmte Bereiche und Zeiträume werden Kostenziele vorgegeben. Die Kostenziele lassen sich zum einen aus Prognosen zum anderen aus Erfahrungswerten bestimmen.
2. **Kostenplanung:** Während die Kostenzielsetzung meist nur grobe Vorgaben macht, geht die Kostenplanung mehr ins Detail. Aufgrund einer exakten und realistischen Kostenplanung lässt sich später eine Kostenkontrolle durchführen, in der untersucht wird, inwieweit die Sollwerte mit den Istwerten übereinstimmen.
3. **Kostenverursachung:** In dieser Phase fallen die Kosten tatsächlich an. Hier muss vor allen Dingen festgestellt werden, welche Kosten wo angefallen sind.
4. **Kostenkontrolle:** In der Kostenkontrolle wird untersucht, inwiefern Abweichungen in der Kostenverursachung im Vergleich zu den Plandaten bestehen.

5. **Kostensteuerung:** Im Falle von Abweichungen müssen Maßnahmen überlegt werden, wie die Kostenziele realisiert werden können. Es muss aber auch reflektiert werden, ob er sich bei den Plandaten um realistische Ziele handelt.

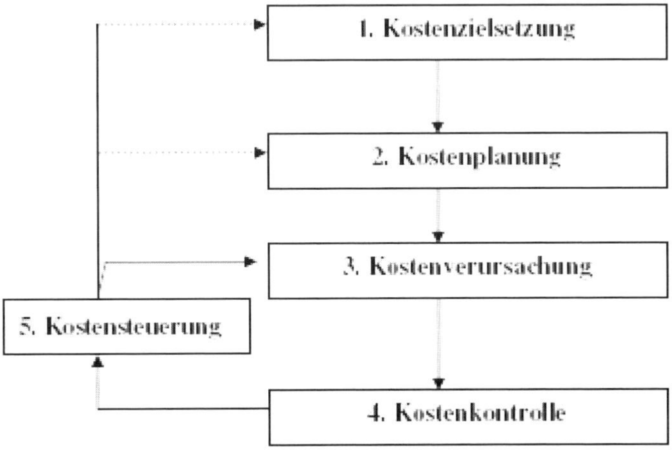

In den folgenden Kapiteln soll eines der wichtigsten neuartigen Konzepte des Kostenmanagements, die Zielkostenrechnung (engl.: Target Costing) sowie die Prozesskostenrechnung vorgestellt werden.

7.2 Zielkostenrechnung

Die Zielkostenrechnung (engl. Target Costing) ist ein Kostenmanagementsystem, das hauptsächlich bei der Entwicklung und Markteinführung eines Produktes angewendet wird. In der Zielkostenrechnung ist eine enge Zusammenarbeit des Marketing, der Entwicklungsabteilung und des Kostencontrollings notwendig.

Im Laufe der letzten 30 Jahre haben sich die Märkte in Westeuropa, Nordamerika und Japan zunehmend von einem Verkäufermarkt zu einem Käufermarkt gewandelt. Verkäufermarkt bezeichnet einen Markt, in dem die Konsumentennachfrage das Angebot der Unternehmen übersteigt. Die Unternehmen konnten über den Preis und die Menge des Produktangebotes bestimmen. Käufermarkt bezeichnet einen Markt, in dem das Produktangebot die Nachfrage übersteigt. Ein Unternehmen muss sich dem Markt in seiner Preis- und Mengenpolitik anpassen. Auf dem Markt herrscht eine starke Konkurrenz zwischen den Anbietern. Ein Wachstum der Marktanteile ist nur möglich, indem einem anderen Anbieter diese Anteile abgerungen werden. Das Marketing hat somit einen immer höheren Stellenwert im Unternehmen bekommen. Diese Situation hat in vielen Unternehmen dazu geführt, dass die kostenorientierte Kalkulation einer kunden- und nutzenorientierten Kalkulation der Produkte gewichten ist, sodass der Preis nicht mehr auf die herkömmliche Art und Weise (Selbstkosten plus Gewinnaufschlag) durch das Rechnungswesen bestimmt wird, sondern nun nach absatzpolitischen Gesichtspunkten vom Marketing vorgegeben wird. Aufgabe des Produktionsmanagement ist es dann, durch Rationalisierungsmaßnahmen etc. zu versuchen, die Kosten auf das Niveau der vorgegebenen Zielkosten zu drücken.

Die Zielkostenrechnung ist ein Planungsinstrument des Kostenmanagements. Sie übernimmt den vom Marketing vorgegebenen Marktpreis. Von diesem Marktpreis wird eine festgelegte Gewinnspanne abgezogen. Der restliche Betrag sind die sog. „allowable costs" (engl.: erlaubte Kosten), die Kosten, die für das Produkt höchstens anfallen dürfen, damit der Marktreis und der geplante Gewinn erzielt werden können.

Das Marketing versucht zunächst festzustellen, welchen Preis Kunden für ein bestimmtes Produkt zu zahlen bereit sind (Aufgabe der Marktforschung). Daraus lässt sich dann ableiten, wie hoch die Selbstkosten, nach Abzug einer festgelegten Gewinnmarge, für das Produkt sein dürfen. Die auf diese Weise gewonnenen Selbstkosten sind die bereits erwähnten „allowable costs" (engl. erlaubte Kosten).

Die Kostenplanung bei der Zielkostenrechnung beginnt bereits in der Entwicklungs- und Konstruktionsphase mit einer konstruktionsbegleitenden Kalkulation, da hier meist 70 – 80 % der späteren Produktionskosten festgelegt werden.

Die Zielkostenrechnung lässt sich in die folgenden Schritte zerlegen, die anschließend im Einzelnen dargestellt werden:

1. Zielkosten werden zunächst für das Produkt als ganzes bestimmt.
2. Das Produkt wird dann in seine Bauelemente zerlegt. Dort wird festgestellt, welche Kostenanteile die Bauelemente an den Gesamtkosten haben.
3. Eine Marktstudie stellt fest, welche Erwartungen die Kunden an das Produkt haben, bzw. welche Funktionen den Kunden welchen subjektiven Nutzen bringen.

4. Die einzelnen Bauelemente des Produktes werden danach untersucht, wie sie zu den Produkteigenschaften beitragen.
5. Anschließend kann mit Hilfe der festgestellten Nutzenanteile der Produkteigenschaften am Gesamtnutzen, der Nutzenanteil der Bauelemente am Gesamtnutzen festgestellt werden.
6. Dieser Nutzenanteil der Bauelemente dient als Verrechnungsschlüssel für die Zielkosten.

Die Zielkosten der Bauelemente werden mit den Istkosten verglichen, um Kostenüber- und -unterdeckungen festzustellen. Kostenüberdeckungen (Istkosten > Zielkosten) bedeuten, dass bei diesem Bauelement Kosten eingespart werden können, ohne dass sich der Kundennutzen verringert.

Hinweis: Anstatt des üblichen Prüfungstrainings wird an dieser Stelle ein Beispiel gegeben, da zum einen noch keine Prüfungsaufgaben zur Orientierung vorliegen, zum anderen vom Rahmenplan die Taxonomiestufe „Überblick" gefordert ist, es also bei der Zielkostenrechnung nicht um die Anwendung, sondern rein um die Kenntnis über ihre Aufgaben und ihren Zweck geht. Dies lässt sich am besten mit einem Beispiel veranschaulichen.

Beispiel zum Ablauf einer Zielkostenrechnung:

Schritt 1: Bestimmung der Zielkosten (allowable costs)

Die Mobil AG stellt Handys her. Aufgrund der harten Konkurrenz in der Telekommunikationsbranche möchte die Mobil AG sicherheitshalber durch eine Marktbefragung feststellen, ob auf dem Markt überhaupt ein gewinnbringender Preis durchsetzbar ist. Bilanzbuchhalter Müller empfiehlt, dass die Entwicklung und Markteinführung des neuen Handys durch die Zielkostenrechnung begleitet werden soll, um „bösen Überraschungen" vorzubeugen.

Die Marktbefragung ergibt, dass das Handy zu höchstens 40,- EUR verkauft werden kann. Das Unternehmen möchte einen Gewinnanteil am Verkaufspreis von 10 %.

Als "Allowable costs" ergeben sich somit:

Verkaufspreis:	40,- EUR
- Gewinnspanne:	4,- EUR
Allowable costs:	36,- EUR

Schritt 2: Bestimmung der Kostenanteile der Bauelemente

Eine genaue Analyse des Handys beim momentanen Entwicklungsstand gibt für die einzelnen Bauelement folgende Kostenanteile bekannt:

Bauelemente	Kostenanteile
Gehäuse	10 %
Elektronik	60 %
Display	30 %

3. Schritt: Marktstudie

Das Marketing ermittelt mit Hilfe einer Marktstudie die Anteile der Produkteigenschaften am Gesamtnutzen (100 %) für den Kunden:

Eigenschaften	Nutzenanteile
Zuverlässigkeit	30 %
einfache Bedienung	50 %
modisches Design	20 %

Die Bauelemente werden im zweiten Schritt zu den Produktfunktionen in Beziehung gesetzt. Es wird ermittelt, mit welchem Anteil die Bauelemente jeweils zur Erfüllung der einzelnen Produktfunktionen beitragen.

1. Schritt: Beitrag der Bauelemente zu den Produkteigenschaften

Ein Team, bestehend aus Experten aus dem Controlling, der Entwicklungsabteilung und dem Marketing, das mit der Entwicklung und Markteinführung des neuen Handys betraut ist, untersucht nun, wie die einzelnen Bauelemente zu den Produkteigenschaften beitragen. Es werden folgende Daten ermittelt:

	Zuverlässigkeit	einfache Bedienung	modisches Design
Gehäuse	10 %	20 %	70 %
Elektronik	80 %	50 %	--
Display	10 %	30 %	30 %
	100 %	100 %	100 %

(Die erste Zeile sagt zum Beispiel aus, dass das Gehäuse 10 % der Zuverlässigkeit beisteuert, 20 % der einfachen Bedienung vom Gehäuse abhängt und das modische Design zu 70 % durch das Gehäuse bestimmt wird.)

2. Schritt: Festellen der Nutzenanteile der Bauelemente am Gesamtnutzen

Im zweiten Schritt wird nun untersucht, wie jedes Bauelement zum Kundennutzen beiträgt. Hierfür muss die Tabelle, in der der Kundennutzen auf die Produkteigenschaften verteilt wurde, mit der Tabelle in der der Anteil der Bauelemente an den Produkteigenschaften dargestellt ist, in Verbindung gebracht werden.

	Zuverlässigkeit	einfache Bedienung	modisches Design
Gehäuse	10 %	20 %	70 %
Elektronik	80 %	50 %	--
Display	10 %	30 %	30 %
	100 %	100 %	100 %

Eigenschaften	Nutzenanteile
Zuverlässigkeit	30 %
einfache Bedienung	50 %
modisches Design	20 %

Bei der Berechnung des Beitrages der Bauelemente zum Nutzen der Produkteigenschaften wird jeweils die erste Prozentzahl der Zeile mit der ersten Prozentzahl der Spalte multipliziert, die zweite Prozentzahl der Zeile mit der zweiten Prozentzahl der Spalte und die dritte Prozentzahl der Zeile mit der dritten Prozentzahl der Spalte multipliziert. Diese Vorgehensweise wird auch für die restlichen Zeilen angewendet.

Berechnung für das Bauelement Gehäuse:

(10 % * 30 %) + (20 % * 50 %) + (70 % * 20 %) =

(0,1 * 0,3) + (0,2 * 0,5) + (0,7 * 0,2) =

(0,03) + (0,1) + (0,14) = 0,27 ⇔ (27%)

Berechnung für das Bauelement Elektronik:

(0,8 * 0,3) + (0,5 * 0,5) + (0 * 0,2) =

(0,24) + (0,25) +0 = 0,49

Berechnung für das Bauelement Display:

(0,1 * 0,3) + (0,3 * 0,5) + (0,3 * 0,2) =

(0,03) + (0,15) + (0,06) = 0,24

Die einzelnen Ergebnisse in Klammer geben den Anteil des einzelnen Bauelementes an der jeweiligen Produkteigenschaft wieder.

Die Lösungen können in der folgenden Tabelle zusammengefasst werden:

	Zuverlässig-keit	einfache Bedienung	modisches Design	Summe
Gehäuse	3 %	10 %	14 %	27 %
Elektronik	24 %	25 %	--	49 %
Display	3 %	15 %	6 %	24 %
				100 %

3. Schritt: Bestimmung der Zielkosten der Bauelemente

Im nächsten Schritt wird nun der Kundennutzen dem jeweiligen Kostenanteil der Baugruppe gegenübergestellt. Daraus lässt sich erkennen, inwieweit die Kosten der Nutzenstruktur des Produktes entsprechen.

Bauelemente	Kundennutzen	Kostenanteil	Kostenüber-/ unterdeckung
Gehäuse	27 %	10 %	- 17 %
Elektronik	49 %	60 %	+ 11 %
Display	24 %	30 %	+ 6 %

Die Kostenunterdeckung (negative Prozentzahl) des Bauelementes Gehäuse bedeutet, dass der Kundennutzen größer als ihr Anteil an den Kosten des Produktes ist. Die Kosten für das Bauelement sind somit vertretbar.

Eine Kostenüberdeckung (positive Prozentzahl) bedeutet, dass der Kundennutzen geringer als der Anteil an den Kosten des Produktes ist. Die Kosten sind somit in ihrer Höhe nicht vertretbar. Bei diesen Bauelementen können Einsparungen vorgenommen werden, ohne dass es zu einer Beeinträchtigung der Marktchancen kommt (falls dies technisch auch möglich ist).

4. Schritt: Vergleich Zielkosten / Istkosten

Wie hoch die tatsächlichen Einsparungsmöglichkeiten sind, wird in einem vierten Schritt erkennbar, wenn die zunächst kalkulierten Istkosten den Zielkosten gegenübergestellt werden. Dazu werden die Zielkosten der einzelnen Baugruppen ermittelt und die Abweichungen der Zielkosten den Istkosten gegenübergestellt.

Die Zielkosten (allowable costs) betragen 40,- EUR. Die Produktion des Handys führt momentan zu Istkosten pro Stück in Höhe von 48,- EUR.

Die Istkosten der jeweiligen Bauelemente werden den Zielkosten, die gemäß dem Kundennutzen aufgeschlüsselt sind, gegenübergestellt:

Bauelemente	Istkosten	Kundennutzen	Zielkosten	Kostenüber-unterdeckung
Gehäuse	4,8 EUR	27 %	10,8 EUR	- 6,- EUR
Elektronik	28,8 EUR	49 %	19,6 EUR	+ 9,2 EUR
Display	14,4 EUR	24 %	9,6 EUR	+ 4,8 EUR
Summe	48,- EUR	100 %	40,- EUR	

Dem Ziel-Istkostenvergleich folgt die Anpassungsphase in der versucht wird, die Kostenüberdeckungen zu reduzieren.

Da bei der Elektronik und beim Display eine Kostenüberdeckung festgestellt wurde, diskutiert man in der Entwicklungsabteilung der Mobil AG nun verschiedene Maßnahmen, wie sich die Kosten für diese Bauelemente reduzieren lassen.

Um die Kosten für das Bauelement Elektronik zu vermindern, kommt man zu dem Entschluss auf die Zwischenkontrolle der Elektronik-Bauteile während der Produktion zu verzichten und nur noch stichprobenweise Qualitätskontrollen durchzuführen. Beim Display können Kosten eingespart werden, indem die Displays anstatt von einem europäischen Hersteller nun von einem Hersteller in China produziert werden. Durch diese Maßnahmen können die Istkosten auf 43,- EUR gedrückt werden. Die Zielkosten von 40,- EUR bleiben ein für die nächste Zeit nicht realisierbares Ziel. Da ein höherer Verkaufspreis für das Handy auf dem Markt nicht durchsetzbar ist, muss die Mobil AG damit eine Reduktion der Gewinnmarge in Kauf nehmen.

Kritik:

Für die meisten Unternehmen ist es schwierig oder gar unmöglich, die Zielkosten durch Rationalisierungsmaßnahmen zu erreichen. Zudem lassen sich die „erlaubten“ Kosten nur bis zu einer bestimmten Grenze vom Markt diktieren, da Kunden oft die gegenseitige Bedingtheit bestimmter Produkteigenschaften unterschätzen oder überhaupt nicht kennen. Zudem besteht die Gefahr, dass bei dem Versuch die Zielkosten zu erreichen die Produktqualität stark abnimmt und dadurch Mehrkosten durch Produkthaftungs- und Garantieansprüche entstehen.

7.3 Prozesskostenrechnung

Die Prozesskostenrechnung ist ein Kostenrechnungssystem, das die für die Gemeinkosten verantwortlichen Geschäftsprozesse ermittelt und diese dann den verursachenden Kostenträgern zuordnet, anstatt die Gemeinkosten mit Hilfe von prozentualen Zuschlagsätzen auf die Kostenträger zu verteilen.

In der Prozesskostenrechnung erfolgt somit eine aktivitätenbezogene Verrechnung der Gemeinkosten, im angloamerikanischen Sprachraum wird sie deshalb auch als „Activity based Cost Accounting" bezeichnet. Als Bezugsgröße dienen nicht die Einzelkosten, sondern die Anzahl der Anlässe für die Ingangsetzung der Geschäftsprozesse, die sog. Kostentreiber. Aus Gründen der Praktikabilität und Wirtschaftlichkeit ist die Prozesskostenrechnung vor allem für repetive Tätigkeiten geeignet, die gleichzeitig einen vergleichsweise geringen Entscheidungsspielraum aufweisen.

Der Begriff „Kostentreiber" soll verdeutlichen, dass die Anzahl der mit der Herstellung der Produkte verbundenen Prozesse das Volumen der entstehenden Gemeinkosten „vorantreiben" und nicht etwa die wertmäßige Höhe der zur Verrechnung verwendeten Zuschlagsbasen.

In der Voll- oder Teilkostenrechnung werden die Kosten, die durch die Materialbeschaffung entstehen, in der Kostenartenrechnung den Materialgemeinkosten zugeteilt. Diese werden dann über einen prozentualen Zuschlagssatz auf die Materialeinzelkosten umgelegt. Diese hat zur Folge, dass eine Zuteilung der Materialgemeinkosten nicht von den damit verbundenen Aufwendungen in der Einkaufsabteilung abhängig ist, sondern durch das Ordervolumen des Bestellauftrages bestimmt wird. Das folgende Beispiel soll diese Problematik verdeutlichen und die Funktionsweise der Prozesskostenrechnung als Lösung dieses Problems vorstellen. Es wird gezeigt, dass die Prozesskostenrechnung eine verursachungsgerechtere Zuteilung der Beschaffung ermöglicht.

Hinweis: Anstatt des üblichen Prüfungstrainings wird an dieser Stelle ein Beispiel gegeben, da zum einen noch keine Prüfungsaufgaben zur Orientierung vorliegen, zum anderen vom Rahmenplan die Taxonomiestufe „Überblick" gefordert ist, es also bei der Prozesskostenrechnung nicht um die Anwendung, sondern rein um die Kenntnis über ihre Aufgaben und ihren Zweck geht. Dies lässt sich am besten mit einem Beispiel erklären.

Beispiel zur Prozesskostenrechnung:

Im Möbelunternehmen Skandinavia wird mit der Vollkostenrechnung gearbeitet. Die Kosten, die in der Einkaufsabteilung anfallen, werden in der Kostenträgerrechnung als Gemeinkosten mit Hilfe eines Gemeinkostenzuschlagsatzes von 10 % auf die Materialeinzelkosten umgelegt. Es sollen 500 l Holzlack beschafft werden. 100 l Holzlack kosten momentan im Einkauf 80,- EUR.

Für die Beschaffung von 500 l Holzlack ergeben sich folgende Kosten:

Materialeinzelkosten (Holzlack):	400,- EUR
Materialgemeinkosten (10 %):	40,- EUR
Gesamte Kosten:	440,- EUR

Auf die Beschaffungskosten für 500 l Holzlack werden somit 40,- EUR der Kosten der Einkaufsabteilung zugerechnet.

Eine Woche später erhält das Möbelunternehmen einen Großauftrag, für dessen Erstellung u.a. 2.000 l Holzlack benötigt werden.

Für die Beschaffung von 2.000 l Holzlack ergeben sich folgende Kosten:

Materialeinzelkosten (Holzlack:	1.600,- EUR
Materialgemeinkosten (10 %):	160,- EUR
Gesamte Kosten:	1.760,- EUR

Ein Vergleich der Gemeinkosten der beiden Bestellaufträge könnte zu der (falschen) Annahme führen, dass bei einem höheren Bestellvolumen in der Einkaufsabteilung höhere Kosten anfallen. Es ist jedoch anzunehmen, dass für beide Bestellungen dieselben Arbeittätigkeiten in der Einkaufsabteilung auszuführen sind und somit eine prozentuale Verrechnung der Gemeinkosten auf die Einzelkosten zu keiner verursachungsgerechten Gemeinkostenzuordnung führt.

Um nun eine genauere Kostenzurechnung vornehmen zu können, wird bei Skandinavia die Prozesskostenrechnung eingeführt.

Da die Prozesskostenrechnung die Gemeinkosten nicht über Zuschlagssätze verteilt, sondern die entstehenden Kosten auf die verursachenden Geschäftsprozesse umlegt, muss zunächst untersucht werden, welche Tätigkeiten mit der Bestellung des Holzlacks in der Einkaufsabteilung in Verbindung stehen. Es wird vereinfachend angenommen, dass die Einkaufsabteilung nur die Bestellung von Rohstoffen zur Aufgabe hat. Die Einkaufsabteilung besteht aus einem Sachbearbeiter und einer Schreibkraft. Der Sachbearbeiter hat einen Stundenlohn von 18,- EUR/h, die Schreibkraft einen Stundenlohn von 10,- EUR/h.

Für eine Bestellung vergleicht der Sachbearbeiter verschiedene Angebote und benötigt dafür im Durchschnitt zwei Stunden. Für jede Bestellung führt er durchschnittlich 10 Telefonate (je 1,- EUR). Zur Erstellung des Bestellschreibens und Bewältigung der dabei anfallenden Verwaltungsaufgaben benötigt die Schreibkraft eine Stunde. Dabei wird Büromaterial im Wert von 5,- EUR verbraucht.

Eine Bestellung setzt sich somit aus den folgenden Aktivitäten und dem folgenden Ressourceneinsatz (mit kostenrechnischer Bewertung) zusammen:

Kostenstelle: Einkauf		**Kostentreiber: Anzahl der Bestellungen**	
Aktivitäten / Ressourceneinsatz	Menge	ausführende Kraft	Kosten
Angebotsvergleich	2 h	Sachbearbeiter (18,- EUR/h)	36,- EUR
Telefonate	10 (je 1,- EUR)		10,- EUR
Bestellen, Verwalten	1 h	Schreibkraft	10,- EUR
Büromaterial			5,- EUR
Gesamte Kosten eines Bestellvorganges:			61,- EUR

Durch die Prozesskostenrechnung ist die Umlage der Beschaffungskosten nicht mehr vom Bestellvolumen, sondern von ausgeführten Tätigkeiten während des Bestellvorganges abhängig.

Die Prozesskostenrechnung ermöglicht eine zusätzliche Perspektive, die sich am besten durch die folgende Frage ausdrücken lässt:

> **„Für welche Tätigkeiten sind welche Kosten in welcher Höhe angefallen?“**

Die Prozesskostenrechnung wird in den folgenden Schritten durchgeführt:

> **1. Prozesse bestimmen**
>
> **2. Kostentreiber für die Prozesse bestimmen**
>
> **3. Ermittlung der Zuschlagssätze für die Prozesse**
>
> **4. Umlage der prozessunabhängigen Kosten auf die Zuschlagsätze**
>
> **5. Verursachungsgerechte Zurechnung der Prozesszuschlagsätze zu den Einzelkosten der Kostenträger**

Die fünf Schritte werden im Einzelnen nun ausführlich dargestellt:

Schritt 1: Prozesse bestimmen

Um eine Prozesskostenrechnung durchzuführen, müssen die Geschäftsprozesse festgestellt werden, mit denen die Kostenstellen Leistungen für das Unternehmen erbringen. Die in den Kostenstellen ablaufenden Prozesse werden anhand von Interviews mit den Kostenstellenleitern erhoben. Der Kostenstellenleiter muss die dort ablaufenden Prozesse und den hierzu erforderlichen Einsatz an Personal- und Sachmitteln angeben, der die Höhe der Kosten bei den einzelnen Prozessen bestimmt.

Beispiel:

Die Einkaufsabteilung des Möbelunternehmens „Skandinavia" wird auf die Leistungen hin untersucht, die für das Unternehmen bedeutsam sind und die mehrere Geschäftsvorgänge zusammenfassen.

Folgende Leistungsarten werden in der Kostenstelle Einkauf festgestellt:

- Angebotsbearbeitung
- Vertragsverhandlungen
- Stammdatenpflege
- Beschaffungsmarktbeobachtung
- Abteilungsleitung

Da eine Kostenstelle im Rahmen der betrieblichen Arbeitsteilung Leistungen erbringt, die sachlich mit den Leistungen anderer Kostenstellen zusammenhängen, werden mehrere (Teil-) prozesse der Kostenstellen zu kostenstellenübergreifenden Hauptprozessen zusammengefasst. Durch die Kostensätze für die Hauptprozesse werden die Kosten auf die Kostenträger verrechnet. Zuerst müssen die Hauptprozesse ermittelt werden, bevor eine kostenmäßige Bewertung erfolgen kann.

Schritt 2: Kostentreiber für die Prozesse bestimmen

Bei der Bestimmung der Teil- und Hauptprozesse müssen Bezugsgrößen festgelegt werden, die für die Höhe der anfallenden Prozesskosten verursachend sind. Die Höhe, z.B. der Materialkosten, ist nicht vom Wert der beschafften Materialien, sondern von der Anzahl der getätigten Bestellungen, Lagerbewegungen etc. abhängig.

Bei der Bestimmung eines Kostentreibers sollte deshalb darauf geachtet werden, dass er in einem proportionalen Verhältnis zu den beanspruchten Ressourcen steht.

Beispiel:

Prozessarten und die zugehörigen Kostentreiber:

Prozessart	Kostentreiber
Material bestellen	Anzahl der Bestellungen
Angebote bearbeiten	Anzahl der Angebotspositionen
Lieferanten betreuen	Anzahl der Lieferanten

Schritt 3: Ermittlung der Zuschlagssätze für die Prozesse

Im dritten Schritt werden die Kosten ermittelt, die für die Teilprozesse in den Kostenstellen anfallen. Aus diesen Kosten lassen sich anschließend die für eine Verrechnung notwendigen Kostensätze ermitteln. Es werden zunächst alle, für die Prozesse einer bestimmten Periode anfallenden durchschnittlichen Kosten festgehalten. Anschließend werden diese Prozesskosten durch den Kostentreiber (Prozessmenge) geteilt, um den Prozesskostensatz zu erhalten.

Prozesskostensatz = Prozesskosten / Prozessmenge

Beispiel:

Für den Teilprozess „Material bestellen" in der Kostenstelle Einkauf werden für ein Quartal Kosten in Höhe von 8.000,- EUR ermittelt. In einem Quartal werden durchschnittlich 400 Bestellungen getätigt.

Somit ergibt sich der folgende Prozesskostensatz:

Pro-KS = 8.000,- EUR / 400 Bestellungen

Pro-KS = 20,- EUR / Bestellung

Sind die Kostensätze für alle Teilprozesse ermittelt, so ergibt sich der Kostensatz des Hauptprozesses durch das Aufsummieren der entsprechenden Teilprozesskostensätze.

Hauptprozess „Material beschaffen"	***Teil-Prozesskostensätze***
Material bestellen	*20,- EUR*
Materiallieferung entgegennehmen	*15,- EUR*
Eingangsprüfung für Materialien durchführen	*10,- EUR*
Material lagern	*25,- EUR*
Hauptprozess-Kostensatz	***70,- EUR***

4. Schritt: Umlage der prozessunabhängigen Kosten auf die Zuschlagsätze

Unter prozessunabhängigen oder leistungsmengenneutralen Kosten versteht man Kosten, die in keinem proportionalen Verhältnis zu Kostentreibern stehen. Es sind Kosten, die für Tätigkeiten, wie z. B. das Leiten der Abteilung, das Beurteilen von Mitarbeitern etc., anfallen. Diese Kosten werden in der Prozesskostenrechnung als fix angesehen, da sie unabhängig von der Menge der leistungserstellenden Tätigkeiten sind. Deshalb werden diese Kosten auch als leistungsmengenneutrale Kosten bezeichnet.

Die Kosten die sich proportional zur Anzahl der leistungserstellenden Prozesse verhalten (z.B. Material bestellen, Materiallieferung prüfen etc.), werden prozessabhängige oder leistungsmengenabhängige (lma) Kosten bezeichnet.

Über die Art der Verrechnung der prozessunabhängigen (leistungsmengenneutralen) Kosten gibt es unterschiedliche Auffassungen. Hier soll die prozentuale Umlage dieser Kosten auf den Prozesskostensatz vorgestellt werden, wobei hier jedoch wieder die Problematik der Kostenverursachung auftaucht.

Zunächst wird ein Zuschlagsatz für die leistungsmengenneutralen (lmn) Kosten errechnet. Zuschlagsbasis sind hierbei die leistungsmengenabhänigen (lma) Prozesskosten:

Zuschlagssatz = Prozesskosten (lmn) / Prozesskosten (lma)

Durch Verrechnung des Zuschlagssatzes mit den leistungsmengenabhängigen Prozesskosten erhält man den Gesamtprozesskostensatz.

Beispiel:

(Die Daten aus dem vorigen Beispiel werden übernommen.)

Für die leistungsmengenabhängigen Prozesskosten wurde ein Prozesskostensatz von 100,- EUR je Bestellung errechnet. Die Kosten der Abteilungsleitung für das erste Quartal in Höhe von 10.000,- EUR sind leistungsmengenunabhängig. Sie müssen nun auf den Prozesskostensatz mit Hilfe eines Zuschlagsatzes umgerechnet werden.

Zuschlagsatz = Prozesskosten (lmn) / Prozesskosten (lmi)

Zuschlagsatz = 10.000,- EUR / 50.000,- EUR

Zuschlagsatz = 0,2 → 20 %

Es ergibt sich somit ein Gesamtprozesskostensatz von 120,- EUR je Bestellung.

5.Schritt: Verursachungsgerechte Zurechnung der Prozesszuschlagsätze zu den Einzelkosten der Kostenträger

In der Kostenträgerrechnung werden dann, je nach Inanspruchnahme der Hauptprozesse, die Gemeinkosten über die Hauptprozesskostensätze auf die Kostenträger umgerechnet. Hat ein Unternehmen eine Vielzahl, sich in der Herstellung unterscheidender Produkte, muss für jedes Produkt untersucht werden, wie sich die Hauptprozesse aus den Teilprozesse zusammensetzen.

7.4 Kennzahlencontrolling

Im Kostenmanagement spielt der Controllingaspekt eine wesentliche Rolle. Der Controllingzyklus hat folgenden Ablauf und muss als Kreislauf gedacht werden:

1. Ziele:

Kostenziele sind Sollziele, die von der Unternehmensführung angestrebt werden. Hierbei stehen die Kostenstellenleiter in besonderer Verantwortung, aber auch die Forschung und Entwicklungsabteilung kann diesen Zielen unterworfen sein.

2. Planung:

Bei der Planung wird überlegt, welche Maßnahmen zur Zielerreichung unternommen werden können.

3. Entscheidung:

Mit der Entscheidung wird eine Maßnahme bevorzugt.

4. Organisation:

Sie setzt die Entscheidung um, indem die verschiedenen Aufgaben auf Menschen und Sachen umgelegt werden. Kompetenzen und Verantwortlichkeiten werden geregelt. Die Verteilung von Material, Informationen und Mitarbeitern wird hier getätigt.

5. Kontrolle:

Mit der Endkontrolle wird die Zielerreichung des ersten Schrittes überprüft und gegebenenfalls korrigiert. Bei der Kontrolle kommt der Kosten- und Leistungsrechnung eine besondere Bedeutung zu, da hier die Daten und Fakten zusammengetragen werden, die eine fundierte Neuplanung des Kreislaufes ermöglichen. Hierzu werden insbesondere Kennzahlen verwendet. Kennzahlen sind in der Regel Verhältniszahlen, die bestimmte Sachverhalte prägnant ausdrücken. Sie sind ein guter Gradmesser um Veränderungsmaßnahmen messbar zu machen.

> **Hinweis:** Im Folgenden sollen einige wichtige Kennzahlen vorgestellt werden, die in der Betriebswirtschaftslehre eine große Rolle spielen. Wichtig ist, dass Sie Kennzahlen nicht mit mathematischen Formeln verwechseln. Kennzahlen können beliebig aus Daten konstruiert werden, müssen jedoch immer zu einer bestimmten Aussage führen.

7.4.1 Kennzahlen

7.4.1.1 Produktiviät

Die Produktivität ergibt sich aus dem Verhältnis von Produktionsergebnis zu Menge oder Wert der eingesetzten Produktionsfaktoren. Die Produktivität dient als Maßstab der wirtschaftlichen Effizienz einer Produktion. Bildet man also eine Relation aus mengenmäßigem Ertrag und mengenmäßigem Einsatz an Produktionsfaktoren, so erhält man die Kennzahl der Produktivität:

$$\textbf{Produktivität} = \frac{\textbf{Ausbringungsmenge (Output)}}{\textbf{Faktoreinsatzmenge (Input)}}$$

Da sich die einzelnen Faktoreinsatzmengen und Produktionsleistungen durch verschiedene Dimensionen unterscheiden, sind sie nicht addierbar (z.B. gemessen in Arbeitsstunden, Stückzahl oder Gewichten). Dies bereitet bei der Erfassung der betrieblichen Produktivität große Schwierigkeiten. Aus diesem Grund werden oftmals **Teilproduktivitäten** ermittelt. Diese können zum Beispiel sein:

$$\textbf{Arbeitsproduktivität} = \frac{\textbf{Ausbringungsmenge (Output)}}{\textbf{Arbeitsstunden}}$$

Beispiel:

Zur Erstellung von 500 Golfschlägern braucht man bei der Golfsports AG 50 Arbeitsstunden. Es ergibt sich eine Arbeitsproduktivität von:

Arbeitsproduktivät = 500 Golfschläger / 50 Arbeitsstunden

Arbeitsproduktivit = 50 Golfschläger/Arbeitsstunde

7.4.1.2 Wirtschaftlichkeit

Die Beurteilung des gesamten Unternehmens ermöglichen die Kennzahlen der Wirtschaftlichkeit. Bewertet man Zähler und Nenner der Kennzahl Produktivität mit Geldeinheiten, dann ergibt sich für den Zähler der wertmäßige Ertrag und für den Nenner der wertmäßige Aufwand. Setzt man diese beiden Größen zueinander in Beziehung, dann erhält man eine Kennzahl für die Wirtschaftlichkeit des Umsatzprozesses.

$$\textbf{Wirtschaftlichkeit} = \frac{\textbf{wertmäßiger Ertrag}}{\textbf{wertmäßiger Aufwand}}$$

Prüfungstraining:

Zwei Fitnessstudios der Fitnesskette Fitworld AG werden vom Management auf Ihre Wirtschaftlichkeit hin beurteilt. Das Studio in der Innenstadt hat im Monat Mai 70.000,- EUR Umsatz erwirtschaftet. Das Studio am Stadtrand hingegen hat im gleichen Zeitraum nur 40.000,- EUR Umsatz erbracht.

„Lässt sich anhand des Umsatzes schon die Wirtschaftlichkeit der zwei Betriebe beurteilen?"

Lösung:

Zur Beurteilung der Wirtschaftlichkeit muss in Betracht gezogen, in welchem Verhältnis die Aufwendungen zu den Erträgen stehen!

Monat Mai - Wirtschaftlichkeitsanalyse	
Studio Innenstadt	**Studio Stadtrand**
Erträge: 70.000,- EUR Aufwendungen: 60.000,- EUR Wirtschaftlichkeit = 70.000,- / 60.000,-= **1,17**	Erträge: 40.000,- EUR Aufwendungen: 30.000,- EUR Wirtschaftlichkeit = 40.000,- / 30.000,- = **1,33**

Ist die Wirtschaftlichkeit geringer als der Wert 1, so erzielt das Unternehmen Verluste. Obwohl das Studio am Stadtrand geringere Erträge erzielt als das Studio in der Innenstadt ist es wesentlich wirtschaftlicher. Einfach gesprochen erzeugt 1,- EUR Aufwand 1,33 EUR Ertrag.

Anstelle der Begriffe Ertrag und Aufwand werden in der Kosten- und Leistungsrechnung in der Regel die Begriffe Leistung und Kosten in Relation gesetzt. Der Begriff Wirtschaftlichkeit darf nicht mit dem Wirtschaftlichkeitsprinzip (ökonomisches Prinzip) verwechselt werden, da die absolute Wirtschaftlichkeit keine Aussage im Sinne des ökonomischen Prinzips darüber trifft, ob das angegebene Verhältnis von Ertrag und Aufwand optimal ist. Verwendet werden oftmals Differenzierungen der Kennzahl, indem beispielsweise Ist- und Sollgrößen gegenüber gestellt werden. Eine solche Kennziffer ist die Folgende:

$$\textbf{Kostenwirtschaftlichkeit} = \frac{\textbf{Sollkosten}}{\textbf{Istkosten}}$$

Sollkosten werden in der Regel vorgegeben, während die Istkosten nachträglich festgestellt werden. Je geringer die Relation zu den Sollkosten ist, desto genauer sind die Planvorgaben. Die Kostenwirtschaftlichkeit trifft damit auch eine Aussage über die Prognosefähigkeit des Kostenmanagements. Zudem zeigt es, wie wirtschaftlich mit den Ressourcen umgegangen wird, um die Sollvorgaben zu erfüllen.

7.4.1.3 Kostenstrukturkennzahlen

Kostenstrukturkennzahlen sind alle Kennzahlen, die bestimmte Kostenarten mit anderen Werten des Unternehmens in ein Verhältnis setzen. Je nach Betrieb können dies die unterschiedlichsten Quotienten sein.

Hinweis und Prüfungstipp: Es gibt im Prinzip beliebig viele Kostenstrukturkennzahlen. Wichtig ist, dass Sie das Prinzip verstehen, dass eine Kennzahl immer eine bestimmte, stichhaltige und betriebswirtschaftlich-logische Aussage treffen muss. Wesentlich ist dabei, dass vorher die Kostenarten sauber von einander getrennt wurden. Gerade das Expertenwissen zeigt sich darin, dass mit Daten „jongliert" und selbständig Kennzahlen gebildet werden könne. Auf diesen Umstand sollten Sie bei entsprechender Frage in der Prüfung auf jeden Fall hinweisen.

Hier sind einige Kostenstrukturkennzahlen genannt, die bei der Interpretation und Analyse der Situation eines Unternehmens hilfreich sein können.

$$\textbf{Personalkostenkennzahl} = \frac{\textbf{Personalkosten}}{\textbf{Gesamtkosten}}$$

Aussage: Anteil der Personalkosten an den Gesamtkosten (kann beliebig auch mit Materialkosten, Fertigungskosten, variablen Fertigungskosten etc.) betrieben werden. Ein Unternehmensvergleich in der gleichen Branche zeigt dann anhand der Kennziffern, welchen Anteil die einzelnen Kostenarten an den Gesamtkosten haben.

$$\textbf{Materialkostenanteil am Umsatz} = \frac{\textbf{Materialkosten}}{\textbf{Umsatz}}$$

Aussage: Anteil der Materialkosten am gesamten Umsatz (kann beliebig auch mit Materialkosten, Fertigungskosten, variablen Fertigungskosten etc.) betrieben werden. Entscheidend sind wieder Vergleichswerte zwischen einzelnen Perioden bzw. Unternehmen oder Unternehmensbereichen.

Kontrollfragen Lerneinheit 7

Kostenmanagement und -controlling, Zielkostenrechnung, Prozesskostenrechnung

1. Welcher Umstände (gesamtwirtschaftlich) führen zu einem verstärkten Kostenmanagement?
2. Inwieweit verbindet die Zielkostenrechnung das Marketing mit der Kostenrechnung?
3. Wann kommt die Zielkostenrechnung vornehmlich zum Einsatz?
4. Was wird unter Zielkosten verstanden?
5. Beschreiben Sie die einzelnen Schritte der Zielkostenrechnung!
6. Warum ist eine prozentuale Verrechnung der Gemeinkosten auf die Einzelkosten in der Voll- oder Teilkostenrechnung problematisch?
7. Welche Geschäftprozesse kommen für die Prozesskostenrechnung in Frage?
8. Was ist ein Kostentreiber?
9. Wie unterscheiden sich leistungsmengenneutrale Kosten von leistungsmengenabhängigen Kosten?
10. Was drücken Kostenstrukturkennzahlen aus?

Antworten zu den Kontrollfragen Lerneinheit 7

1. Technologische Veränderungen sowie der Wandel des Verkäufermarktes in einen Käufermarkt führten zu einem starken Anwachsen des Gemeinkostenanteils an den Gesamtkosten. Diese Gemeinkosten sind zum einen auf die gestiegene Bedeutung des Verwaltungs-, Service- und Vertriebsbereiches und zum anderen auf die Zunahme von planenden, steuernden und kontrollierenden Tätigkeiten, die kostenrechnerisch nicht durch die Fertigungseinzelkosten erfasst werden, zurückzuführen.

2. Das Marketing legt den Zielverkaufspreis des Produktes gemäß der Marktsituation fest und erforscht den Beitrag der Produktfunktionen zum Kundennutzen. Diese Information wird an die Kostenrechnung weitergegeben, die daraus die Plankosten festlegt und aus dem Plan-Istkosten-Vergleich Kostensenkungspotenziale ermittelt.

3. Die Zielkostenrechnung kommt hauptsächlich bei der Produktentwicklung und Produkteinführung in einem neuen Markt zum Einsatz. Sie ist insbesondere dann notwendig, wenn auf dem Markt eine harte Konkurrenz herrscht und der Preis vom Markt vorgegeben wird.

4. Zielkosten (allowable costs) sind die Selbstkosten, die für ein Produkt höchstens anfallen dürfen, um einen vorgegeben Marktpreis und Gewinn am Markt zu realisieren.

5.
   - Zielkosten werden zunächst für das Produkt als ganzes bestimmt.
   - Das Produkt wird dann in seine Bauelemente zerlegt. Dort wird festgestellt, welche Kostenanteile die Bauelemente an den Gesamtkosten haben.
   - Die einzelnen Bauelemente des Produktes werden danach untersucht, wie sie zu den Produkteigenschaften beitragen.
   - Anschließend kann mit Hilfe der festgestellten Nutzenanteile der Produkteigenschaften am Gesamtnutzen, der Nutzenanteil der Bauelemente am Gesamtnutzen festgestellt werden.
   - Dieser Nutzenanteil der Bauelemente dient als Verrechnungsschlüssel für die Zielkosten.
   - Die Zielkosten der Bauelemente werden mit den Istkosten verglichen, um Kostenüber- und -unterdeckungen festzustellen. Kostenüberdeckungen (Istkosten > Zielkosten) bedeuten, dass bei diesem Bauelement Kosten eingespart werden können, ohne dass sich der Kundennutzen verringert.

6. Eine prozentuale Umrechnung der Gemeinkosten auf die Einzelkosten entspricht nur in den seltensten Fällen der tatsächlichen Kostenverursachung. Eine direkt proportionale Beziehung zwischen den Gemein- und Einzelkosten würde bedeuten, dass hohe Einzelkosten automatisch hohe Gemeinkosten verursachen. Dies trifft allerdings nur in den wenigsten Fällen zu. Gemeinkosten werden meist durch Geschäftsvorgänge erfasst, die unabhängig vom Wert eines Auftrages, dafür aber abhängig von der Anzahl der Auftragsbearbeitung sind.

7. Für die Ermittlung von Prozesskostensätze kommen nur Geschäftsvorgänge in Betracht, die in den Kostenstellen bei der Ausführung der im Sinne der betrieblichen Arbeitsteilung, übertragenen Aufgaben vorkommen. (z.B. Das Kaffeekochen im Vorstandszimmer durch die Sekretärin ist zwar auch eine übliche „Arbeitstätigkeit" in einem Unternehmen, wird aber nicht von der Prozesskostenrechnung erfasst, da es keine eigentliche Teilleistung im Sinne der betrieblichen Gesamtleistung ist. Zum Vergleich: Der Geschäftsvorgang „Rohstoffe bestellen" ist ein Prozess ohne den die be-

triebliche Gesamtleistung nicht zu erbringen wäre.) Die von der Prozesskostenrechnung erfassten Vorgänge sollten sich zudem proportional zu einem Kostenträger wiederholen und durch eine Prozessdokumentation standardisieren lassen.

8. Kostentreiber bestimmen die Inanspruchnahme der Leistungen in den Kostenstellen. Zum Beispiel bestimmt die Anzahl der Bestellungen die Anzahl der nachfolgenden Tätigkeiten, wie Materiallieferung prüfen, Material lagern etc.

9. Leistungsmengenneutrale Kosten sind Kosten, die sich mit keinem Kostentreiber in direkte Verbindung gebracht werden können. Leistungsmengenabhängige Kosten sind von der Anzahl eines Kostentreibers abhängig, z.B. Anzahl der Bestellungen, Anzahl der Materiallieferungen etc.

10. Kostenstrukturkennzahlen sind Verhältniszahlen, die bestimmte Kostenarten zu einander ins Verhältnis setzen, woraus sich dann Schlüsse bzgl. der Kostensituation des Unternehmens ziehen lassen.

Lerneinheit 8

Probeklausuren

Jetzt haben Sie es geschafft! Sie haben die 7 Lerneinheiten durchgearbeitet. In der letzten Lerneinheit finden Sie nun vier Probeklausuren, die in Umfang und Niveau an die IHK-Abschlussprüfungen im Fach Kosten- und Leistungsrechnung angelehnt sind. Bei den Klausuren wurde darauf geachtet, dass die Breite der Themen nochmals erfasst wird.

Nehmen Sie die Klausuren als Anlass für eine Generalprobe. Schaffen Sie sich Ihre eigene Prüfungssituation und versuchen Sie zunächst, die Aufgaben ohne Nachschlagen in den vorigen Lerneinheiten zu lösen. Sie können nicht erwarten, dass die Klausuraufgaben 1:1 den Aufgaben des Prüfungstrainings entsprechen. Auch in der Prüfung selbst müssen Sie mit „Überraschungen" umgehen können. Auf eine Bepunktung der Probeklausuren wird verzichtet, da vermieden werden soll, dass Sie sich bei Erreichen einer Teilpunktzahl bereits in Sicherheit wiegen. Ziel ist, dass Sie den Stoff vollständig beherrschen und auch verschiedene Varianten der Aufgaben lösen können. Letztlich gleicht keine Prüfung der anderen, jede Prüfung hat ihre eigenen Tücken!

In der IHK-Prüfung haben Sie 120 Minuten Zeit. Erlaubte Hilfsmittel sind Schreibsachen sowie ein nicht programmierbarer Taschenrechner. Lösen Sie die Aufgaben unter diesen Prüfungsbedingungen.

Wenn Sie eine Aufgabe nicht lösen können, gehen Sie einfach zur nächsten über! Schauen Sie nicht gleich in die Lösung, da Sie sich sonst die Prüfungssituation entgehen lassen. Korrigieren Sie nach Ablauf der Zeit Ihre Klausur wie ein Korrektor. Arbeiten Sie dann eventuelle Wissens- und Verständnislücken auf!

Viel Erfolg!

Probeklausur Nr. 1

Aufgabe 1)

Die Möbel AG ist ein großer Hersteller von Büromöbeln. Das Unternehmen beliefert zudem andere Möbelhersteller mit genormten Bauteilen z.B. für Küchen oder Innenausstattungen (Treppen, Decken etc.). Im Betriebsbereich Einbauteile verfügt das Unternehmen über eine Sägeanlage, die Bauteile für Küchen (BT Kü) und Bauteile für Innenausstattungen (BT IA) herstellt.

Für das vergangene Quartal liegen die folgenden Daten vor (die produzierte Menge entspricht der abgesetzten Menge):

	BT Kü	BT IA
produzierte Stückzahl:	300.000 St.	100.000 St.
Produktionsmenge je Anlagestunde:	480 St.	200 St.
max. Laufzeit der Anlage /Quartal:	1.420 h	
variable Kosten pro Stück:	1,20 EUR	2,80 EUR
Erlös pro Stück:	3,00 EUR	5,00 EUR

a) **Berechnen Sie den Beschäftigungsgrad der Anlage im vergangenen Quartal!**

b) **Wie hoch ist der Deckungsbeitrag pro Stück?**

c) **Wie hoch war der Deckungsbeitrag der Anlage im vergangenen Quartal?**

d) **Welche Laufzeit ist in der Planung für das nächste Quartal anzusetzen, wenn aufgrund bereits bestehender Lieferverträge 260.000 Stück des BT Kü und 100.000 Stück des BT IA abgesetzt werden können und wenn in der Produktion mit einem Ausschuss von 5 % gerechnet wird?**

e) **Welchem Beschäftigungsgrad entspricht die Produktionsmenge in d) ?**

f) **Die Timber AG, ein Großkunde der Möbel AG, möchte für das kommende Quartal von den Bauteilen für die Küche (BT Kü) 180.000 Stück und von den Bauteilen für die Innenausstattung (BT IA) 90.000 Stück beziehen. Es liegen bereits für die BT Kü Aufträge in Höhe von 264.000 Stück und für die BT IA in Höhe von 60.000 Stück vor. Die Plankostenrechnung prognostiziert für das kommende Quartal steigende Holzpreise, zudem steigen die Löhne aufgrund der neuen Tarifverträge. Sie gibt deshalb folgende variablen Kosten für das nächste Quartal vor:**

	BT Kü	BT IA
variable Kosten / Stück:	**1,50 EUR**	**3,00 EUR**

Die Timber AG ist bereit höchstens die folgenden Preise zu bezahlen:

BT Kü	BT IA
2,60 EUR	**4,50 EUR**

Welche Mengen der Anfrage sollte die Möbel AG in einem Angebot verbindlich zusagen, wenn sie das Ziel eines maximalen Deckungsbeitrages verfolgt?

Aufgabe 2)

Die Möbel AG verwendet das System der flexiblen Plankostenrechnung zur Kostenplanung, -steuerung und -kontrolle. Das Controlling führt nun die Soll-Ist-Analyse durch. Für die Kostenstelle Büroschränke liegen folgende Daten vor:

Plankosten: 280.000,- EUR,

Fixkosten: 30.000,- EUR,

Planbeschäftigung: 2.000 h,

Istbeschäftigung: 1.800 h,

Istkosten: 290.000,- EUR,

variable Ist-Stückkosten: 145,- EUR/St.

a) **Berechnen Sie die variablen Planstückkosten!**

b) **Berechnen Sie den Plankostenverrechnungssatz (PKVS) sowie die verrechneten Plankosten!**

c) **Ermitteln Sie die Beschäftigungs-, die Verbrauchs- und die Gesamtabweichung!**

Aufgabe 3)

Die Möbel AG hat zwei Hilfskostenstellen, eine Werkstatt sowie ein eigenes Elektrizitätswerk. In den Hilfskostenstellen sind folgende primären Kosten angefallen:

E-Werk: 15.000,- EUR,

Werkstatt: 36.000,- EUR,

Fertigung I: 120.000,- EUR,

Fertigung II: 180.000,- EUR.

Folgende Leistungsverflechtungen bestehen zwischen den Hilfs- und Hauptkostenstellen:

	E-Werk	Werkstatt	Fertigung I	Fertigung II	Gesamt
E-Werk	1.000 kWh	5.000 kWh	17.000 kWh	13.000 kWh	36.000 kWh
Werkstatt			400 h	600 h	1.000 h
Fertigung I			370 h	30 h	400 h
Fertigung II			50 h	250 h	300 h

a) **Verteilen Sie die Kosten der Hilfskostenstellen im Treppenverfahren (Stufenleiterverfahren) auf die Hauptkostenstellen Fertigung I und II!**

b) **Berechnen Sie die Verrechnungssätze der Leistungseinheiten der Fertigung I und der Fertigung II!**

c) **Wie hoch sind die gesamten Kosten der Fertigung I und der Fertigung II?**

Aufgabe 4)

Die Maschinen AG hat Sie nach Ihrem erfolgreichen Bestehen der Bilanzbuchhalterprüfung als neuen Mitarbeiter eingestellt. Bereits in der ersten Woche bittet Sie der Leiter des Rechnungswesens, die kalkulatorischen Zinsen des Unternehmens zu berechnen. Für langfristige Bundesanleihen beträgt die Umlaufrendite 4,6 %. Das Unternehmen arbeitet mit einem Risikozuschlag von 2 Prozentpunkten.

Ermitteln Sie die kalkulatorischen Zinsen des Unternehmens, wenn folgende Daten gelten:

Betriebsnotwendiges Anlagevermögen (kalk. Restwerte)	EUR
Gebäude	6.500.000,-
Fertigungsanlagen	2.850.000,-
Fuhrpark	950.000,-
Betriebsnotwendiges Umlaufvermögen (Durchschnittswerte)	
Roh- Hilfs-, und Betriebsstoffe	450.000,-
unfertige Erzeugnisse	550.000,-
Fertigerzeugnisse	920.000,-

In der Position Gebäude ist ein Grundstück im Wert von 200.000,- EUR enthalten, das nicht für betriebliche Zwecke genutzt wird. Für einen laufenden Prozess aufgrund eines Patentstreites wurde eine Rückstellung i.H.v. 120.000,- EUR gebildet. Für bestellte Maschinen, die noch nicht ausgeliefert worden sind, wurden 240.000,- EUR angezahlt. Die Verbindlichkeiten gegenüber Kreditinstituten betragen 2.000.000,- EUR. Die Verbindlichkeiten aus Lieferungen und Leistungen betragen 180.000,- EUR.

Aufgabe 5)

Die Sportgerätefirma Fun&Fit GmbH hat sich auf die Fabrikation von Squash-Schlägern spezialisiert. Gefertigt werden die Modelle Fit-Leicht, Power und Profi. In der letzten Rechnungsperiode wurden 1.000 St. Fit-Leicht, 2.000 St. Power und 1.500 St. Profi hergestellt und verkauft. Dies entsprach einer Auslastung von ca. 70% der Fertigungskapazität.

Die Stückeinzelkosten und Verkaufspreise betragen:

	Material	**Fertigung**	**Preise EUR/St.**
Fit-Leicht	10,- EUR	15,- EUR	40,- EUR
Power	12,50 EUR	20,- EUR	60,- EUR
Profi	20,- EUR	30,- EUR	105,- EUR

Das Unternehmen ist in die drei Kostenstellen Material, Fertigung und Verwaltung/Vertrieb unterteilt.

Die Gemeinkosten verteilten sich in der letzten Rechnungsperiode gemäß Betriebsabrechnungsbogen auf die Kostenstellen wie folgt:

Materialbereich: 6.500,- EUR,

Fertigungsbereich: 80.000,- EUR,

Verwaltungs-/Vertriebsbereich: 50.300,- EUR.

a) **Ermitteln Sie die Gemeinkostenzuschlagssätze für den Material-, Fertigungs- und Verwaltungs-/Vertriebsbereich!**

b) **Berechnen Sie das Umsatzergebnis der letzten Abrechnungsperiode insgesamt und je Kostenträger!**

Lösungen zur Probeklausur Nr. 1

Aufgabe 1)

a) Es wird zunächst die tatsächliche Laufzeit der Anlage errechnet:

	BT Kü	BT IA
produzierte Stückzahl	300.000 St.	100.000 St.
Produktionsmenge je Anlagestunde	480 St.	200 St.
tatsächliche Laufzeit	300.000 St. / 480 St./h = **625 h**	100.000 St. / 200 St./h = **500 h**
Beschäftigungsgrad	1.125 h / 1.420 h = **→ 79 % (gerundet)**	

b) Deckungsbeitrag pro Stück:

	BT Kü	BT IA
Erlös pro Stück	3,00 EUR/St.	5,00 EUR/St.
– variable Kosten / Stück	1,20 EUR/St.	2,80 EUR/St.
= Deckungsbeitrag / Stück	1,80 EUR/St.	2,20 EUR/St.

c) Deckungsbeitrag der Anlage im vergangenen Quartal:

	BT Kü	BT IA
Deckungsbeitrag / Stück:	1,80 EUR/St.	2,20 EUR/St.
produzierte Menge:	300.000 St.	100.000 St.
Deckungsbeitrag / Stück:	540.000,- EUR	220.000,- EUR
Deckungsbeitrag der Anlage	**760.000,- EUR**	

d)

BT Kü: geplante Absatzmenge: 260.000 St.

Ausschuss: 260.000 St. * 5/100 = 13.000 St.

BT IA: geplante Absatzmenge

Ausschuss: 100.000 St. * 5/100 = 5.000 St.

geplante Absatzmenge + Ausschuss = zu produzierende Menge

BT Kü: 260.000 St. + 13.000 St. = 273.000 St.

BT IA: 100.000 St. + 5.000 St. = 105.000 St.

Laufzeit:

BT-Kü:

Plan- Auslastung: 273.000 St. / 480 St./h = 568,75 h

BT-IA:

Plan- Auslastung: 105.000 St. / 200 St./h = 525,00 h

e) Beschäftigungsgrad: (1.093,75 h / 1.420 h) * 100 = 77 % (gerundet)

f)

Schritt 1: Feststellung der freien Kapazitäten:

Zunächst muss festgestellt werden, über wie viel freie Kapazitäten die Möbel AG noch verfügt:

	BT Kü	BT IA
vertraglich fixierte Aufträge:	264.000 St.	60.000 St.
Produktionsmenge je Anlagestunde:	480 St.	200 St.
max. Laufzeit der Anlage / Quartal:	1.420 h	
bereits beanspruchte Kapazität:	550 h	300 h
freie Kapazitäten:	570 h	

2. Schritt: Feststellung der Beanspruchung der Kapazitäten durch den Zusatzauftrag

	BT Kü	BT IA
Zusatzauftrag (St.)	180.000 St.	90.000 St.
Produktionsmenge je Anlagestunde	480 St.	200 St.
Kapazität Zusatzauftrag	375 h	450 h

3. Schritt: Ermittlung des Engpasses

	BT Kü	BT IA
max. Laufzeit der Anlage / Quartal	1.420 h	
bereits beanspruchte Kapazität:	550 h	300 h
freie Kapazitäten	570 h	
Kapazität Zusatzauftrag	375 h	450 h
Kapazitätsüberdeckung	255 h	

4. Schritt: Ermittlung des relativen Deckungsbeitrags:

	BT Kü	BT IA
Preis / Stück	2,60 EUR	4,50 EUR
variable Kosten / Stück	1,50 EUR	3,00 EUR
Deckungsbeitrag / Stück	1,10 EUR	1,50 EUR
Produktionsmenge je Anlagestunde	480 St./h	200 St./h
Deckungsbeitrag / Stunde	528 EUR/h	300 EUR/h
Zusatzauftrag (St.)	180.000 St.	90.000 St.

5. Schritt: Zusatzprogramm

Die freien Kapazitäten belaufen sich auf 570 h. Da der Zusatzauftrag für die Bauteile Küche (BT Kü) einen höheren relativen Deckungsbeitrag aufweist, sollte dieser Auftrag maximal erfüllt werden. Dies beansprucht die noch freien Kapazitäten mit 375 h. Die verbleibenden Kapazitäten von 195 h werden auf die Bauteile Innenausstattung verwendet. Es ergibt sich damit folgendes Produktionsprogramm:

BT Kü	BT IA
180.000 St.	**39.000 St.**
375 h	**195 h**

Aufgabe 2)

a)

$$\mathbf{K_{Plan} = K_{Fix\text{-}Plan} + k_{var\text{-}Plan} * x_{Plan}}$$

$$280.000,\text{- EUR} = 30.000,\text{- EUR} + k_{var\text{-}Plan} * 2.000 \text{ h} \quad | -30.000,\text{-}$$

$$250.000,\text{- EUR} = k_{var\text{-}Plan} * 2.000 \text{ h}$$

$$125,\text{- EUR/St.} = k_{var\text{-}Plan}$$

Die variablen Planstückkosten betragen 125,- EUR/St.

b)

$$PKVS = \frac{K_{Plan}}{x_{Plan}}$$

$$PKVS = \frac{280.000,\text{- EUR}}{2.000 \text{ h}}$$

$$PKVS = 140,\text{- EUR/h}$$

Der Plankostenverrechnungssatz beträgt 140,- EUR/h.

c)

Zunächst müssen die verrechneten Plankosten festgestellt werden:

$$verr.K_{Plan} = PKVS * x_{Ist}$$
$$= 140,\text{- EUR/h} * 1.800 \text{ h}$$
$$= 252.000,\text{- EUR}$$

Dann müssen die Sollkosten errechnet werden:

$$K_{Soll} = K_{Fix\text{-}Plan} + k_{var\text{-}Plan} * x_{Ist}$$
$$= 30.000,\text{- EUR} + 125,\text{- EUR/h} * 1.800 \text{ h}$$
$$= 255.000,\text{- EUR}$$

Beschäftigungsabweichung (BA) = verr.K_{Plan} - K_{Soll}

$$BA = 252.000,\text{- EUR} - 255.000,\text{- EUR}$$
$$= -3.000,\text{- EUR}$$

→ Es wurden Fixkosten in Höhe von 3.000,- EUR zu wenig verrechnet.

Verbrauchsabweichung(VA) = K_{Soll} - K_{Ist}

VA = 255.000,- EUR – 290.000,- EUR

= –35.000,- EUR

GA = BA + VA

= –38.000,- EUR

Aufgabe 3)

a)

in EUR	E-Werk	Werkstatt	Fertigung I	Fertigung II
primäre GK	15.000,-	36.000,-	120.000,-	180.000,-
Umlage E-Werk	→	2.150,-[1]	7.310,-	5.590,-
Zwischensumme		38.150,-		
Umlage Werkstatt		→	15.260,-	22.890,-
Summe			142.570,-	208.480,-

[1] Verrechnungssatz beim E-Werk ist 0,43 EUR/kWh (gerundet 15.000,- EUR / 35.000 kWh)

b)

a = Verrechnungssatz der Fertigung I

b = Verrechnungssatz der Fertigung II

gesamte Kosten der Fertigung I = 142.570,- EUR + 50 h * b

gesamte Kosten der Fertigung II = 208.480,- EUR + 30 h * a

Aufstellen der Gleichungen:

I: 142.570,- EUR + 50 h * b = 400 h * a

II: 208.480,- EUR + 30 h * a = 300 h * b

Auflösung nach einer Unbekannten in der Gleichung I:

I: 50 h * b = 400 h * a – 142.570,- EUR

⇔ b = 8 * a – 2.851,4 EUR/h

Einsetzen der Gleichung I in die Gleichung II:

II: 208.480,- EUR + 30 h * a = 300 h * (8 * a – 2.851,4 EUR/h)

II: 208.480,- EUR + 30 h * a = 2.400 h * a – 855.420,-EUR

II: 1.063.900,- EUR = 2.370 h * a

II: 448,90 EUR = a

Der Verrechnungssatz der Fertigung I (a) beträgt 448,90 EUR.

Berechnen des Verrechnungssatz der Fertigung II (b):

a wird in die Gleichung I eingesetzt:

I: b = 8 * 448,9 EUR – 2.851,4 EUR/h

I: b = 739,80 EUR

Der Verrechnungssatz der Fertigung II(b) beträgt 739,80 EUR.

c)

	Fertigung I	**Fertigung II**
Fertigung I	370 h	30 h
Fertigung II	50 h	250 h

Der Verrechnungssatz der Fertigung I beträgt 448,9 EUR.

Der Verrechnungssatz der Fertigung II beträgt 739,8 EUR.

	Fertigung I	**Fertigung II**
Fertigung I	370 h * 448,9 EUR = 166.093,- EUR	30 h*448,9 EUR = 13.467,- EUR
Fertigung II	50 h * 739,8 EUR = 36.990,- EUR	250 h * 739,8 EUR = 184.950,- EUR
gesamte Kosten:	203.083,- EUR	198.417,- EUR

Aufgabe 4)

Betriebsnotwendiges Anlagevermögen (kalk. Restwerte):	**EUR**	**Summen (EUR)**
Gebäude	6.300.000,-*	
Fertigungsanlagen	2.850.000,-	
Fuhrpark	950.000,-	10.100.000,-
Betriebsnotwendiges Umlaufvermögen (Durchschnittsbestände):		
Roh- Hilfs-, und Betriebsstoffe	450.000,-	
Unfertige Erzeugnisse	550.000,-	
Fertigerzeugnisse	920.000,-	1.920.000,-
= Betriebsnotwendiges Vermögen		12.020.000,-
- Abzugskapital:		
Kundenanzahlungen	240.000,-	
Lieferantenkredit (ohne Skonto)	180.000,-	
Rückstellung:	120.000,-	540.000,-
= Betriebsnotwendiges Kapital		11.480.000,-

* Von dem gesamten kalkulatorischen Restwert der Grundstücke wird der Wert des nicht betrieblich genutzten Grundstückes abgezogen.

Das betriebsnotwendige Kapital wird nun mit dem kalkulatorischen Zinssatz verzinst:

11.480.000,- * 6,6 % = 757.680,- EUR.

Aufgabe 5)

a)

Die Summe der Gemeinkosten der einzelnen Kostenstellen ist jeweils auf die Summe der Einzelkosten zu beziehen.

Materialgemeinkostenzuschlagssatz:

MGK-ZS (in %) = ([Summe der MGK * 100] / Materialeinzelkosten)

Materialeinzelkosten =

(1.000 St. * 10,- EUR/St.) + (2.000 St. * 12,50 EUR/St.) + (1.500 St. * 20,- EUR/St.)

Materialeinzelkosten = 65.000,- EUR

MGK-ZS (in %) = ([6.500,- EUR * 100] / 65.000,- EUR)

MGK-ZS (in %) = 10 %

Fertigungsgemeinkostenzuschlagssatz:

FGK-ZS (in %) = ([Summe der FGK * 100] / Fertigungseinzelkosten)

= ([80.000,- EUR * 100] / 100.000,- EUR)

= 80 %

Herstellkosten:

Die Herstellkosten errechnen sich auf die folgende Weise:

MEK	65.000,- EUR
+ MGK	6.500,- EUR
+ FEK	100.000,- EUR
+ FGK	80.000,- EUR
= HK	251.500,- EUR

Verwaltungs- und Vertriebsgemeinkostenzuschlagssatz (VwVtGK in %):

VwVtGK-ZS (%) = ((VwVtGK * 100) / Herstellkosten)

= (50.300,- EUR * 100 / 251.500,- EUR)

= 20 %

b)

Zur Ermittlung des Umsatzergebnisses stellt man den Umsatzerlösen die Selbstkosten gegenüber. Da die vergangene Periode mit den entsprechenden Ist-Zahlen abgerechnet wird, stimmt das Umsatzergebnis mit dem Betriebsergebnis überein.

		Kostenträger		
	gesamt	**Fit-Leicht**	**Power**	**Profi**
MEK	65.000,-	10.000,-	25.000,-	30.000,-
+ MGK (10 %)	6.500,-	1.000,-	2.500,-	3.000,-
+ FEK	100.000,-	15.000,-	40.000,-	45.000,-
+ FGK (80 %)	80.000,-	12.000,-	32.000,-	36.000,-
Herstellkosten	251.500,-	38.000,-	99.500,-	114.000,-
+ VwVtGK (20%)	50.300,-	7.600,-	19.900,-	22.800,-
Selbstkosten	301.800,-	45.600,-	119.400,-	136.800,-
Umsatzerlöse	317.500,-	40.000,-	120.000,-	157.500,-
Betriebsergebnis	+ 15.700,-	- 5.600,-	+ 600,-	+ 20.700,-

(in EUR)

Probeklausur Nr. 2

Aufgabe 1)

Die Möbel AG verwendet das System der Ist-Kostenrechnung. Für das Jahr 2007 sind folgende Daten erfasst worden:

Materialverbrauch	6.780.000,- EUR
Materialgemeinkosten	830.000,- EUR
Fertigungsbereich I:	
Fertigungslöhne	1.200.000,- EUR
Fertigungsgemeinkosten	4.800.000,- EUR
davon maschinenabhängig	3.200.000,- EUR
Fertigungsbereich II:	
Fertigungslöhne	800.000,- EUR
Fertigungsgemeinkosten	2.450.000,- EUR
davon maschinenabhängig	1.939.000,- EUR
Verwaltungs- und Vertriebsgemeinkosten	2.880.000,- EUR
Maschinenstunden Fertigung I	18.980 h
Maschinenstunden Fertigung II	12.379 h
Bestandserhöhung UE/FE	1.870.000,- EUR

Die Materialeinzelkosten einer Bürokomplettausstattung betragen 1.060,- EUR. Im Fertigungsbereich I beträgt die Fertigungszeit 12 Stunden, davon sind 7 Stunden maschinenabhängig. Im Fertigungsbereich II benötigt man für einen Schrank 11 Stunden, davon sind 2 Stunden maschinenabhängig. Die Fertigungslöhne des Bereiches 1 betragen 25,- EUR/h. Im Fertigungsbereich II betragen die Löhne 30,- EUR/h.

Sie arbeiten im Rechnungswesen der AG und sollen nun für die Bürokomplettausstattung „Elegant“ die Selbstkosten berechnen!

Aufgabe 2)

Ein Düngerstoff wird in mehreren Produktionsstufen veredelt. Der Rohstoff kostet 90,- EUR/t. Ab der Produktionsstufe III sind die Zwischenprodukte auf dem Markt absetzbar, weshalb die Selbstkosten je Tonne von den Produktionsstufen III - V ermittelt werden sollen.

Produktions-stufe	Kosten der Stufe (EUR)	Input	Output
Einkauf	45.000,-	500 t	
I	60.000,-	500 t	400 t
II	60.000,-	400 t	380 t
III	60.000,-	380 t	300 t
IV	30.000,-	300 t	300 t
V	20.000,-	300 t	280 t

Berechnen Sie die kumulierten Selbstkosten je t für die Produktionsstufen III-V!

Aufgabe 3)

Die Möbel AG fertigt hochwertige Büromöbel. Aufgrund der steigenden Nachfrage nach Büromöbeln aus heimischem Holz, überlegt das Unternehmen seine Produktionskapazitäten zu erweitern. Dabei soll zwischen den Fertigungsverfahren der halbautomatischen und vollautomatischen Fertigung von Büroschränken entschieden werden. Beide Verfahren haben eine Gesamtkapazität von 5.000 Stück.

Folgende Daten sind für die Entscheidung relevant:

	halbautomatisch	vollautomatisch
K_{Fix}	600.000,- EUR	1.200.000,- EUR
k_{var}	350,- EUR/St.	200,- EUR/St.

Der Preis eines Büroschrankes beträgt 550,- EUR/St.

a) **Welches Verfahren ist das kostengünstigere, wenn die volle Kapazität in einem Jahr produziert wird?**

b) **Bei welcher Ausbringungsmenge ist das vollautomatische Verfahren günstiger als das halbautomatische?**

c) **Berechnen Sie für das jeweilige Verfahren die kurz- und langfristige Preisuntergrenze, wenn von einer nachfragebedingten Kapazitätsauslastung von 70 % ausgegangen wird!**

d) **Zu Gunsten welchen Verfahrens verändert sich die langfristige Preisuntergrenze, wenn die Kapazität zu 100 % ausgelastet ist? Erklären Sie das Phänomen!**

e) **Berechnen Sie für jedes Verfahren die Break-Even-Menge!**

Aufgabe 4)

Die Chemie AG stellt einen brandfesten Spezialkunststoff her. Bei der Produktion fallen drei Nebenprodukte an. Es handelt sich dabei um Kunststoffe, die verschiedene Härtegrade erfüllen. Die Ausbringungsmengen der drei Nebenprodukte (N1 – N3) stehen in einem festen Verhältnis zur Ausbringungsmenge des Hauptproduktes (H).

Folgende Daten liegen vor:

Produkt	direkt zurechenbare Kosten der Verarbeitung	Produktionsmenge	Marktpreis je t
H	160.000,- EUR	600 t	990,- EUR/t
N1	60.000,- EUR	200 t	730,- EUR/t
N2	40.000,- EUR	120 t	640,- EUR/t
N3	20.000,- EUR	80 t	520,- EUR/t
	280.000,- EUR		

Die gesamten Kosten der Produktion ohne die direkt zurechenbaren Weiterverarbeitungskosten betragen 380.000,- EUR.

a) **Berechnen Sie die Herstellkosten nach dem Subtraktionsverfahren der Kuppelkalkulation!**

b) **Berechnen Sie die Herstellkosten nach dem Marktpreisverfahren der Kuppelkalkulation!**

c) **Entscheiden Sie sich für ein Verfahren und begründen Sie Ihre Entscheidung!**

Aufgabe 5)

Die Handels KG möchte in ihrem Sortiment ein Multimedia Notebook anbieten. Aufgrund der harten Konkurrenz darf der Verkaufspreis bei höchstens 1.000,- EUR liegen. Die Gewinnmarge von 20% soll auf jeden Fall gehalten werden.

Die Lieferanten der KG bieten üblicherweise 20 % Liefererrabatt und 3 % Liefererskonto. Bezugskosten fallen in der Regel keine an! Die KG hat einen Handlungskostenzuschlag von 50 %.

Wie hoch darf der Listeneinkaufspreis höchstens sein, wenn die KG 10% Kundenrabatt und 5% Verkäuferprovision gewährt?

Aufgabe 6)

Die Möbel AG plant die Gemeinkosten der Fertigungsstelle im Voraus. Die Kostenstelle hat eine Maximalkapazität von 10.000 Stück (Planbeschäftigung) pro Monat. Für den Monat November 2007 wurde eine Stückzahl von 8.000 Stück produziert.

Kostenstelle „Fertigung“ November 2007 (in EUR)									
Planbeschäftigung: 10.000 St. Istbeschäftigung: 8.000 St. Beschäftigungsgrad: 80 %					Plankostenverrechnungssatz: ? davon fix: ? davon variabel: ?				
Kosten-art	Plankosten				Sollkosten			Istkosten	Ver-brauchs-ab-wei-chung
	gesamt	Variator	fix	variabel	fix	Vari-abel	gesamt		
Betriebs-stoffe	120.000,-	?	30.000,-	?	30.000,-	?	?	116.000,-	?
Hilfs-löhne	160.000,-	?	?	40.000,-	50.000,-	?	?	144.000,-	?

a) In dem obigen Kostenkontrollblatt sollen Sie alle notwendigen Ergänzungen (gez. durch „?“) vornehmen!

b) Berechnen Sie die Beschäftigungsabweichung (BA), die Verbrauchsabweichung (VA) und die Gesamtabweichung (GA) für die Kostenstelle Fertigung!

Lösungen zur Probeklausur Nr. 2

Aufgabe 1)

Die Zuschlagssätze (ZS) werden ermittelt:

Materialgemeinkostenzuschlagssatz (MGK-ZS):

$$\text{MGK-ZS} = \frac{\text{Materialgemeinkosten}}{\text{Materialeinzelkosten}} * 100$$

$$= \frac{830.000,\text{- EUR}}{6.780.000,\text{- EUR}} * 100$$

$$= 12{,}24\ \%$$

Fertigungsgemeinkostenzuschlagssatz 1 (FGK-ZS 1):

$$\text{FGK-ZS 1} = \frac{\text{Fertigungsgemeinkosten 1}}{\text{Fertigungseinzelkosten 1}} * 100$$

$$\text{FGK-ZS 1} = \frac{1.600.000,\text{-}^{1}\ \text{EUR}}{1.200.000,\text{-}} * 100$$

$$\text{FGK-ZS 1} = 133{,}33\ \%$$

)[1] = gesamte Fertigungsgemeinkosten – maschinenabhängige Fertigungsgemeinkosten

Fertigungsgemeinkostenzuschlagssatz 2 (FGK-ZS 2):

$$\text{FGK-ZS 2} = \frac{511.000,\text{- EUR}}{800.000,\text{- EUR}} * 100$$

$$\text{FGK-ZS 2} = 63{,}88\ \%$$

Verwaltungs- und Vertriebsgemeinkostenzuschlagssatz (VtVwGK-ZS):

$$\text{VtVwGK-ZS} = \frac{\text{Verwaltungs-Vertriebsgemeinkosten}}{\text{Herstellkosten des Umsatzes}} * 100$$

Herstellkosten des Umsatzes:

gesamte Kosten – Bestandserhöhung:

16.860.000,- EUR – 1.870.000,- EUR = 14.990.000,- EUR

$$\text{VtVwGK-ZS} = \frac{2.880.000,\text{- EUR}}{14.990.000,\text{- EUR}} * 100$$

$$\text{VtVwGK-ZS} = 19{,}21\ \%$$

Maschinenstunden Fertigungsbereich I: 18.980 h

$$\text{Maschinenstunden} = \frac{3.200.000,\text{- EUR}}{18.980\ \text{h}}$$

$$\text{Maschinenstunden} = 168{,}60\ \text{EUR/h}$$

Maschinenstunden Fertigungsbereich II: 12.379 h

$$\text{Maschinenstunden} = \frac{1.939.000,\text{- EUR}}{12.379\ \text{h}}$$

$$\text{Maschinenstunden} = 156{,}64\ \text{EUR/h}$$

Kalkulation der Büroausstattung:

MEK:	1060,00 EUR	
MGK (12,24%):	129,74 EUR	
Materialkosten:		1.189,74 EUR
FEK I:	125,00 EUR	
FGK I (133,33%):	166,67 EUR	
Maschinenkosten I (7h):	1.180,20 EUR	
FEK II:	270,00 EUR	
FGK II(63,88%):	172,48 EUR	
Maschinenkosten II (2h):	313,28 EUR	
FK:		2.227,63 EUR
Herstellkosten:		3.417,37 EUR
VwVtGK (19,21 %):	656,48 EUR	
Selbstkosten:		4.073,85 EUR

Die Selbstkosten einer Büroausstattung „Elegant" betragen 4.073,85 EUR.

Aufgabe 2)

Prod-stufe	Selbst-kosten (in EUR)	Input	Output	kum. Selbstkos-ten gesamt	kum. Selbst-koten je t (in EUR)
Einkauf	45.000,-	500 t		45.000,-	
I	60.000,-	500 t	400 t	105.000,-	
II	60.000,-	400 t	380 t	165.000,-	
III	60.000,-	380 t	300 t	225.000,- / 300t	= 750,00
IV	30.000,-	300 t	300 t	255.000,- / 300t	= 850,00
V	20.000,-	300 t	280 t	275.000,- / 280 t	= 982,14

Die kumulierten Selbstkosten auf Stufe III betragen 750,- EUR/t, auf der Stufe IV 850,- EUR/t und auf der Stufe V 982,14 EUR/t.

Aufgabe 3)

a)

gesamte Kosten:

	halbautomatisch	vollautomatisch
K_{Fix}	600.000,- EUR	1.200.000,- EUR
k_{var}	350,- EUR	200,- EUR
max. Stückzahl:	5.000 St.	5.000 St.
gesamte Kosten:	2.350.000,- EUR	2.200.000,- EUR

Bei voller Auslastung ist das vollautomatische Verfahren das günstigere.

b)

600.000,- EUR + 350,- EUR/St. * x = 1.200.000,- EUR + 200,- EUR/St. * x

⇔ 350,- EUR/St. * x = 600.000,- EUR + 200,- EUR/St. * x

⇔ 150,- EUR/St. * x = 600.000,- EUR

⇔ x = 4.000 St.

c)

Die kurzfristige Preisuntergrenze entspricht den variablen Kosten. Daraus ergibt sich:

	halbautomatisch	**vollautomatisch**
kurzfristige Preisuntergrenze	350,- EUR/St.	200,- EUR/St.

Langfristig kann nur eine Preisuntergrenze akzeptiert werden, bei der auch die Fixkosten gedeckt sind. Bei einer Auslastung von 70 % werden 3.500 St. produziert.

	halbautomatisch	**vollautomatisch**
K_{Fix}	600.000,- EUR	1.200.000,- EUR
k_{var}	350,- EUR	200,- EUR
Stückzahl	3.500 St.	3.500 St.
gesamte Kosten	1.825.000,- EUR	1.900.000,- EUR

langfristige Preisuntergrenze:

halbautomatisches Verfahren:

1.825.000,- EUR / 3.500 St. = 521,42 EUR/St.

vollautomatisches Verfahren:

1.900.000,- EUR / 3.500 St. = 542,86 EUR/St.

Das halbautomatische Verfahren ist das günstigere!

d)

Bei 100%-iger Auslastung betragen die gesamten Kosten:

	halbautomatisch	**vollautomatisch**
Gesamte Kosten:	2.350.000,- EUR	2.200.000,- EUR
Stückzahl:	5.000 St.	5.000 St.
Langfr. Preisuntergrenze	470,- EUR/St.	440,- EUR/St.

Da durch die höhere Stückzahl die Fixkosten auf mehr Produkte verteilt werden, sind die Fixkosten pro Stück dementsprechend niedriger. Da die variablen Stückkosten des vollautomatischen Verfahrens ohnehin niedriger sind als beim halbautomatischen Verfahren, ergibt sich für das vollautomatische Verfahren eine niedrigere langfristige Preisuntergrenze.

e)

Break-even-Menge:

	halbautomatisch	vollautomatisch
Fixe Kosten	600.000,- EUR	1.200.000,- EUR
Preis	550,-EUR/St.	550,-EUR/St.
Var. Kosten/St.	350,-EUR/St.	200,-EUR/St.
Deckungsbeitrag/St.	200,- EUR/St.	350,-EUR/St.

$$\text{Break-even-Menge} = \frac{\text{fixe Kosten}}{\text{Deckungsbeitrag/ St.}}$$

	halbautomatisch	Vollautomatisch
Break-even-Menge	3.000 St.	3.428,57 St.

Aufgabe 4)

a) Subtraktionsverfahren:

Selbstkosten Hauptprodukt H =

Gesamtkosten – Verkaufserlös (Nebenprodukt N1) – Verkaufserlöse (Nebenprodukte N2) - Verkaufserlöse (Nebenprodukte N3)

Selbstkosten Hauptprodukt H =

660.000,-EUR – 146.000,-EUR – 76.800,-EUR – 41.600,-EUR = 395.600,- EUR

Die Herstellkosten nach dem Subtraktionsverfahren betragen 395.600,- EUR.

b) Marktpreisverfahren:

Zunächst wird der Umsatz für jedes Produkt errechnet:

Produkt	Menge	Marktpreis	Umsatz (EUR)
H	600 t	990,- EUR/t	594.000,-
N1	200 t	730,- EUR/t	146.000,-
N2	120 t	640,- EUR/t	76.800,-
N3	80 t	520,- EUR/t	41.600,-
			858.400,-

Die Kosten werden in das Verhältnis zum gesamten Umsatz gesetzt:

gesamte Kosten / gesamter Umsatz

→ **660.000,- EUR / 858.400,- EUR = 0,77 (gerundet)**

Nach der Verhältniszahl (0,77) werden dann die Kosten je Produkt bestimmt. Die Stückkosten errechnen sich, indem der Marktpreis mit der Verhältniszahl multipliziert wird.

Produkt	Menge	Marktpreis	Umsatz (EUR)	Kosten (EUR)	Stückkosten (EUR)
H	600 t	990,- EUR/t	594.000,-	457.380,-	762,30
N1	200 t	730,- EUR/t	146.000,-	112.420,-	562,10
N2	120 t	640,- EUR/t	76.800,-	59.136,-	492,80
N3	80 t	520,- EUR/t	41.600,-	32.032,-	400,40

c)

Das Marktpreisverfahren ist in diesem Falle dem Subtraktionsverfahren vorzuziehen, da zum einen die Nebenprodukte preislich einen nicht allzu großen Unterschied zum Hauptprodukt aufweisen, zum anderen das Tragfähigkeitsprinzip hier zur Geltung kommt und angemessen erscheint.

Aufgabe 5)

Retrograde Angebotskalkulation des Handels:

Listeneinkaufspreis	**612,11**	**100 %**	
– 20 % Liefererrabatt	122,42	**20 %**	
Zieleinkaufspreis	**489,69**	**80 %**	**100%**
– 3 % Liefererskonto	14,69		**3 %**
Bareinkaufspreis	**475,00**		**97 %**
+ Bezugskosten	0,00		
Bezugspreis	**475,00**	**100 %**	
+ Handlungskosten	237,50	**50 %**	
Selbstkosten	**712,50**	**150 %**	**100 %**
+ Gewinnzuschlag	142,50		**20 %**
Barverkaufspreis	**855,00**	**95 %**	**120 %**
+ Verkäuferprovision	45,00	**5 %**	
Zielverkaufspreis	**900,00**	**100 %**	**90 %**
+ Kundenrabatt	100,00		**10 %**
Listenverkaufspreis netto	**1.000,00**		**100 %**

Der Listeneinkaufspreis darf maximal 612,11 EUR betragen.

Aufgabe 6)

a)

Kostenstelle „Fertigung" November 2007										
Planbeschäftigung: 10.000 St. Istbeschäftigung: 8.000 St. Beschäftigungsgrad: 80 %					Plankostenverrechnungssatz: 28,- davon fix: 15,- davon variabel: 13,-					
Kostenart	Plankosten				Sollkosten			Istkosten	Verbrauchsabweichung
	gesamt	Variator	fix	variabel	fix	variabel	gesamt		
Betriebsstoffe	120.000,-	7,5	30.000,-	90.000,-	30.000,-	72.000,-	102.000,-	116.000,-	- 14.000,-
Hilfslöhne	160.000,-	2,5	120.000,-	40.000,-	120.000,-	32.000,-	152.000,-	144.000,-	8.000,-
Summe	280.000,-		150.000,-	130.000,-	150.000,-	104.000,-	254.000,-	260.000,-	- 6.000,-

(in EUR)

b)

Die Beschäftigungsabweichung berechnet sich:

$$BA = verr.K_{Plan} - K_{Soll}$$
$$= 224.000,\text{- EUR} - 254.000,\text{- EUR}$$
$$= -30.000,\text{- EUR}$$

Die Verbrauchsabweichung berrechnet sich:

$$VA = K_{Soll} - K_{Ist}$$
$$= 254.000,\text{- EUR} - 260.000,\text{- EUR}$$
$$= -6.000 \text{ EUR}$$

Die Gesamtabweichung beträgt damit –36.000 EUR (BA + VA).

Probeklausur Nr. 3

Aufgabe 1)

Die Plasta AG ist Hersteller von Plastikformen für den industriellen Bedarf. Dem Rechnungswesen werden für das vergangene Geschäftsjahr folgende Daten entnommen:

	Daten der KLR (EUR)
Umsatzerlöse	32.600.000,-
Rohstoffaufwand	8.300.000,-
Fertigungslöhne	9.100.000,-
Summe der Gemeinkosten	11.390.000,-

Folgende Bestände wurden mithilfe der Inventur festgestellt:

	Beginn Gj (EUR)	Ende Gj (EUR)
unfertige Erzeugnisse	940.000,-	1.080.000,-
fertige Erzeugnisse	2.330.000,-	2.600.000,-

Gj = Geschäftsjahr

Die Plasta AG verwendet in der Kostenträgerrechnung Maschinenstundensätze.

Die Summe der Gemeinkosten ist wie folgt zu verteilen:

- Auf die Maschinenstelle I entfallen 3.300.000,- EUR. Die Maschinenanlage ist durchschnittlich 3.300 Stunden pro Jahr in Betrieb.
- Die restlichen Gemeinkosten werden auf die Kostenstellen Material, Fertigung, Verwaltung und Vertrieb nach der Anzahl der Mitarbeiter verteilt. Im Betrieb arbeiten insgesamt 380 Mitarbeiter:

	Material	Fertigung	Verwaltung	Vertrieb
Mitarbeiter	40	260	40	40

Die Verwaltungsgemeinkosten sind auf die Herstellkosten der Produktion und die Vertriebsgemeinkosten auf die Herstellkosten des Umsatzes zu beziehen.

a) **Beurteilen Sie die Vorgehensweise der Schlüsselung der Gemeinkosten auf die Kostenstellen des Unternehmens!**

b) **Daten der Kostenrechnung können von denen der Geschäftsbuchführung (Gewinn- und Verlustrechnung) abweichen. Geben Sie hierzu ein Beispiel und erläutern Sie dieses!**

c) **Ermitteln Sie die Zuschlagssätze indem Sie die Gemeinkosten in einem BAB verteilen! Berechnen Sie die Herstellkosten der Produktion und des Umsatzes!**

d) Erläutern und begründen Sie, was die Plasta AG dazu veranlasst haben könnte, bei der automatischen Kunststoffpresse mit einem Maschinenstundensatz zu rechnen.

e) Für einen Auftrag wurden in einer Vorkalkulation Selbstkosten von 156.500,- EUR ermittelt.

Bei der Erstellung des Auftrages fielen folgende Ist-Kosten an:

MEK: 46.400,- EUR,

FEK: 59.200,- EUR.

Belegung der Maschinenstelle: 10 h

e1) Führen Sie eine Nachkalkulation des Auftrages durch!

e2) Welche Ursache könnte die Kostendifferenz zwischen Vor- und Nachkalkulation haben und welche Schlüsse sind daraus zu ziehen?

Aufgabe 2)

Die Plasta AG hat ihre Produktpalette um einen biologisch abbaubaren Kunststoff erweitert, aus dem der Kompostbehälter „Komposta" gefertigt wird. Im vergangenen Geschäftsjahr verkaufte die Plasta AG ausschließlich im Inland über den Fachhandel 56.000 Behälter zu einem Preis von 20,- EUR/Stück.

In einer Sitzung der Geschäftsleitung behauptet der Controller, dass Komposta ein Verlustbringer sei, denn die anderen Produkte müssten Komposta mitfinanzieren. Zum Beweis seiner Aussage legt er folgende Kostenanalyse aus dem Geschäftsjahr vor:

gesamt porportionale Kosten für Komposta:	680.000,- EUR
von den Fixkosten des Unternehmens wurden im Rahmen der Vollkostenrechnung auf Komposta verteilt	500.000,- EUR
fixe Kosten einer Spezialmaschine, die ausschließlich für Komposta angeschafft wurde:	288.000,- EUR

a) Beurteilen Sie die Auffassung des Controllers und belegen Sie diese rechnerisch aus der Sicht der Vollkostenrechnung und aus der Sicht der Teilkostenrechnung!

b) Welche Argumente könnten unabhängig von Kostengesichtspunkten dagegen sprechen, Komposta aus dem Produktionsprogramm zu nehmen?

c) Der Marketingleiter schlägt vor, eine Preisdifferenzierung für Komposta vorzunehmen. Das Produkt soll weiterhin über den Fachhandel bezogen werden können. Zudem sollen die Kunden es auch direkt über das Internet bei der Kunststoff GmbH bestellen können. Da durch das Internet der Zwischenhandel ausgeschaltet wird, könnte der Preis auf 15,- EUR gesenkt werden.

Soll die Plasta AG unter dem Gesichtspunkt der Gewinnmaximierung diese Strategie verfolgen? Begründen Sie Ihre Ansicht mithilfe der Teilkostenrechnung!

Aufgabe 3)

Ein Unternehmen stellt die drei Kuppelprodukte A, B und C her.

Produkt:	**A**	**B**	**C**
Menge:	10.000 kg	5.000 kg	4.000 kg
Marktpreis:	300,- EUR/kg	240,- EUR/kg	180,- EUR/kg

Die Gesamtkosten der Periode betragen 3.198.000,- EUR.

Verteilen Sie die Kosten auf die einzelnen Produktarten mithilfe des Marktpreisverfahrens!

Aufgabe 4)

Das Controlling der Toren & Türen GmbH nimmt in einer Plankostenrechnung die Kostenplanung für die nächste Rechnungsperiode vor. Aufgrund der allgemeinen wirtschaftlichen Lage wird von einer Planbeschäftigung von 80 % ausgegangen (max. Produktionskapazität 10.000 h).

Für die direkt zurechenbaren Kosten werden folgende Annahmen getroffen:

	Betrag	**Kostenart**
Fertigungsmaterial	150.000,- EUR	Materialeinzelkosten (MEK)
Fertigungslöhne	250.000,- EUR	Fertigungseinzelkosten (FEK)

Für die Kostenstellen werden folgende Gemeinkosten geplant:

Kostenstelle	K_{var}	K_{fix}	**Bezugsgröße**
Material	40.000,- EUR	20.000,- EUR	Materialeinzelkosten
Fertigung	40.000,- EUR	80.000,- EUR	Fertigungseinzelkosten
Verwaltung	10.000,- EUR	40.000,- EUR	Herstellkosten
Vertrieb	20.000,- EUR	10.000,- EUR	Herstellkosten

Für die Produktkalkulation des Garagentores “PortaChic“ liegen folgende Plandaten vor:

Materialverbrauch: 3 m^3 veredelte Stahlplatte,

Materialplanpreis: 150,- EUR/m^3 ,

Fertigungszeit: 12 h.

a) **Berechnen Sie die Vollplan- und die Teilplankosten je Garagentor „PortaChic“!**

b) **Berechnen Sie den Stückgewinn und Stückdeckungsbeitrag, wenn der Nettoverkaufspreis 2.100,- EUR/St. betragen soll (Kundenrabatt 20 %, Kundenskonto 5 %)!**

c) **Am Ende der Abrechnungsperiode zeigt sich, dass der Materialplanpreis je m³ Stahlplatte falsch eingeschätzt worden ist. Der Stahlmarkt boomt stärker als angenommen. Der Preis ist auf 200,- EUR/m³ angestiegen (Ist-Preis). Die restlichen Werte entsprechen den Planwerten! Berechnen Sie den neuen Stückgewinn und Stückdeckungsbeitrag.**

Aufgabe 5)

Die Papier AG hat ihre Kostenrechnung auf die Grenzplankostenrechnung umgestellt. Aufgrund der guten Geschäftslage soll eine zusätzliche Fertigungshalle angemietet werden, in der max. 800 Stück Zeitungsrollen pro Monat hergestellt werden können. Die Miete der Halle und die übrigen Erweiterungsinvestitionen verursachen monatliche Fixkosten i.H.v. 120.000,- EUR. Die geplanten variablen Stückkosten betragen je Rolle 500,- EUR/St., der Verkaufspreis beträgt 750,- EUR/St.. Das Marketing gibt eine Absatzplanmenge von 600 Stück vor.

a) **Wie viele Zeitungsrollen müssen mindestens hergestellt werden, bis die Gewinnschwelle erreicht wird?**

b) **Stellen Sie die Gewinnschwelle grafisch dar!**

c) **Wie verändert sich die Gewinnschwelle, wenn die variablen Ist-Kosten je Stück 580,- EUR betragen?**

d) **Berechnen Sie die Abweichungen, wenn die Ist-Absatzmenge von 620 Stück erreicht wird und die Ist-Kosten 380.000,- EUR betragen.**

Aufgabe 6)

Das Controlling der Möbel AG hat für ein Produkt der Bürostuhlserie für den Monat Mai folgende Werte ermittelt:

Monat Mai	EUR
verrechnete Maschinenkosten	38.000,-
Löhne in der Fertigung	8.000,-
Sondereinzelkosten des Vertriebs	6.000,-
Normal-Herstellkosten	140.000,-
Normal-Selbstkosten des Umsatzes	190.000,-

Bei den Fertigerzeugnissen wurden 50 Stück mehr produziert als abgesetzt werden konnten. Die Herstellkosten dieser 50 Stück betragen 8.000,- EUR.

In der Normalkostenkalkulation werden folgende Zuschlagssätze (ZS) verwendet:

Kostenstelle:	Material	Fertigung	Verwaltung/Vertrieb
Normal-ZS:	MGK-ZS: 20 %	Rest-FGK-ZS: 50 %	VwVtGK-ZS: 10 %

a) **Berechnen Sie den Verbrauch an Materialeinzelkosten im Monat Mai!**

b) **Ermitteln Sie für den Monat Mai die Art und Höhe (in EUR) der Bestandsveränderung an fertigen Erzeugnissen (FE) an unfertigen Erzeugnissen (UE)! Die Verwaltungs- und Vertriebsgemeinkosten beziehen sich auf die Herstellkosten des Umsatzes.**

c) **Berechnen Sie die Normal-Herstellkosten je Stück!**

Lösungen zur Probeklausur Nr. 3

Aufgabe 1)

a) Die Schlüsselung der Gemeinkosten nach der Anzahl der Mitarbeiter in den einzelnen Kostenstellen ist willkürlich und durchbricht das Verursachungsprinzip. Lediglich die Kalkulation mit Maschinenstundensätzen kommt dem Verursachungsprinzip nahe.

b) Abweichungen Kostenrechnung und Finanzbuchhaltung

Beispiele:

Aufwand, aber keine Kosten:

- Spekulationsverluste aus Wertpapiergeschäften
- Spende an das Rote Kreuz
- Steuerrückstellung

Kosten, aber kein Aufwand:

- kalkulatorischer Unternehmerlohn
- kalkulatorische Miete
- kalkulatorische Wagnisse

Aufwand, aber ungleich Kosten:

- kalkulatorische Abschreibungen, wenn unterschiedliche Abschreibungsmethoden verwendet werden

c)

Summe der Gemeinkosten:	11.390.000,- EUR
- Maschinenkosten:	3.300.000,- EUR
Restgemeinkosten:	8.090.000,- EUR

Die Restgemeinkosten werden nach dem Schema des Betriebsabrechnungsbogens verteilt:

	Material	Fertigung	Verwaltung	Vertrieb
Gemeinkosten-anteil	40/380	260/380	40/380	40/380
Restgemein-kosten	851.578,95	5.535.263,16	851.578,95	851.578,95
Zuschlags-grundlage	8.300.000,-	9.100.000,-	27.086.842,11	26.676.842,11
Zuschlagssätze	10,26 %	60,83 %	3,14 %	3,19 %

Die Herstellkosten der Produktion betragen:

MEK	8.300.000,00 EUR
+ MGK	851.578,95 EUR
+ FEK	9.100.000,00 EUR
+ FGK	5.535.263,16 EUR
+ Maschinenkosten	3.300.000,00 EUR
Herstellkosten:	**27.086.842,11 EUR**

Die Herstellkosten des Umsatzes betragen: 27.086.842,11 EUR (Herstellkosten der Produktion) – 410.000,- EUR (Bestandsmehrung UE/FE) = 26.676.842,11 EUR.

d)

Die Maschinenstundensätze führen dazu, dass Kosten, die in Verbindung mit der Maschine entstehen, verursachungsgerecht den Kostenträgern zugerechnet werden, indem die Nutzungsdauer als Bezugsgröße für die Kosten herangezogen wird. Es ergibt sich eine genauere Kalkulation aufgrund der verursachungsgerechten Kostenzurechnung, da sich zwischen den Kosten der Maschine und den Fertigungslöhnen kein proportionaler Größenzusammenhang feststellen lässt.

e)

e1) Nachkalkulation (in EUR)

Materialeinzelkosten	46.400,00		
+ Materialgemeinkosten (10,26%)	4.760,64		
Materialkosten		**51.160,64**	
+ Fertigungseinzelkosten	59.200,00		
+ Fertigungsgemeinkosten (60,83%)	36.011,36		
+ Maschinenstunden (10h)	10.000,00		
Fertigungskosten		**105.211,36**	
Herstellkosten			**156.372,00**
+ Verwaltungsgemeinkosten (3,14 %)			4.910,08
+ Vertriebsgemeinkosten (3,19 %)			4.988,27
Selbstkosten			**166.270,27**

Die Nachkalkulation zeigt, dass der Auftrag zu niedrig kalkuliert wurde!

e2)

mögliche Ursachen der höheren Selbstkosten aufgrund der Nachkalkulation:

- in Folge von Preiserhöhungen und/oder Mehrverbrauch sind die Einzel- und/oder Gemeinkosten gestiegen.
- ein geringerer Beschäftigungsgrad führt zu einem höheren Fixkostenanteil je Erzeugnis!

Folgerungen:

- genauere Kostenarten- und Kostenstellenkontrolle (z.B. bei Mehrverbrauch)
- Änderung der Zuschlagssätze für die Vorkalkulation (bei Preiserhöhungen und langfristigen Änderungen des Beschäftigungsgrades)

Aufgabe 2)

a)

Lösung aus Sicht der Vollkostenrechnung:

Gewinn = Gesamterlöse – Gesamtkosten

Gesamterlöse (56.000 St. * 20,- EUR/St.)	1.120.000,- EUR
– variable Kosten	680.000,- EUR
– fixe Kosten der Spezialmaschine	288.000,- EUR
– anteilige Unternehmensfixkosten	500.000,- EUR
Gewinn	–348.000,- EUR

Aus der Betrachtungsweise der Vollkostenrechnung wäre es falsch, das Produkt Komposta im Produktionsprogramm zu belassen, da das Produkt einen Verlust von 348.000,- EUR verursacht.

Lösung aus der Sicht der Teilkostenrechnung:

Deckungsbeitrag I = Gesamterlöse – variable Kosten

Deckungsbeitrag II = Deckungsbeitrag I – fixe Kosten (Spezialmaschine)

Gesamterlöse (56 000 St. * 25 EUR/St.)	1.120.000,- EUR
– variable Kosten	680.000,- EUR
Deckungsbeitrag I	440.000,- EUR
– fixe Kosten (Spezialmaschine)	288.000,- EUR
Deckungsbeitrag II	152.000,- EUR

Komposta hat einen positiven Deckungsbeitrag und trägt somit dazu bei, einen Teil der fixen Kosten abzudecken. Der Gesamtgewinn erhöht sich dadurch um 152.000,- EUR.

b)

weitere Gründe für Komposta:

- Komplettierung des Produktionsprogrammes
- Verhinderung eines Einstiegs der Konkurrenz
- Erhaltung von Arbeitsplätzen
- Ruf des Unternehmens (Imagepflege)

c)

Absatzausweitung

Nettoverkaufserlöse im Internetgeschäft:	15,00 EUR/St.
– variable Kosten pro Stück:	12,14 EUR/St.
= Deckungsbeitrag I	2,86 EUR/St.

Da der Verkauf über das Internet einen positiven Deckungsbeitrag generiert, sollte das Unternehmen diese Strategie verfolgen.

Aufgabe 3)

Zunächst wird der Umsatz für jedes Produkt errechnet:

Produkt	Menge	Marktpreis	Umsatz
A	10.000 kg	300,- EUR/kg	3.000.000,- EUR
B	5.000 kg	240,- EUR/kg	1.200.000,- EUR
C	4.000 kg	180,- EUR/kg	720.000,- EUR
			4.920.000,- EUR

Die Kosten werden in das Verhältnis zum gesamten Umsatz gesetzt:

3.198.000,- / 4.920.000,- = 0,65

Nach der Verhältniszahl werden dann die Kosten je Produkt bestimmt:

Produkt	Umsatz	Kosten	Stückkosten
A	3.000.000,- EUR	1.950.000,- EUR	195,- EUR/kg
B	1.200.000,- EUR	780.000,- EUR	156,- EUR/kg
C	720.000,- EUR	468.000,- EUR	117,- EUR/kg
	4.920.000,- EUR	**3.198.000,- EUR**	

Aufgabe 4)

a)

Zur Ermittlung der Herstellkosten müssen zunächst die Verrechnungssätze bestimmt werden:

Gemein-kosten	K_{var}	K_{fix}	Bezugsgröße	Zuschlagssatz	
				Voll	Teil
Material	40.000,-	20.000,-	MEK: 150.000,-	40 %	26,67 %
Fertigung	40.000,-	80.000,-	FEK: 250.000,-	48 %	16 %
Verwaltung	10.000,-	40.000,-	HK_{Voll}: 580.000,- HK_{Teil}: 480.000,-	8,6 %	2,1 %
Vertrieb	20.000,-	10.000,-	HK_{Voll}: 580.000,- HK_{Teil}: 480.000,-	5,2 %	4,2 %

(in EUR)

Berechnen der Selbstkosten (SK) je Stück in der Vollkosten- und Teilkostenrechnung:

Vollkosten (in EUR)		
MEK		450,-
+ MGK	40 %	180,-
+ FEK	(12h)	375,-
+ FGK	48 %	180,-
HK		**1.185,-**
+ VwGK	8,6 %	101,91
+ VtGK	5,2 %	61,62
SK		**1348,53**

Die Fertigungseinzelkosten je Stück berechnen sich folgendermaßen:

Bei einer Planbeschäftigung von 80 % (8.000 h) betragen die gesamten Fertigungseinzelkosten 250.000,- EUR. Somit betragen die Fertigungseinzelkosten pro Stunde:

250.000,- EUR / 8.000 h = 31,25 EUR/h

Pro Stück beträgt die Fertigungszeit 12 Stunden → 12 h * 31,25 EUR/h = 375,- EUR.

Teilkosten (in EUR)			Berechnung:
MEK		450,00	3 m³ * 150 m²
+ MGK	26,67 %	120,02	26,67 % von MEK
+ FEK	(12h)	375,00	250.000,- / 8.000 h = 31.25,- EUR/h
+ FGK	16 %	60,00	16 % von FEK
HK		**1.005,02**	**Summe (MEK bis HK)**
+ VwGK		21,11	2,1 % von HK
+ VtGK		42,21	4,2 % von HK
SK		**1.068,34**	**Summe (HK bis SK)**

(in EUR)

b)

	Voll	**Teil**
Verkaufspreis	2.100,-	2.100,-
– Kundenrabatt	420,-	420,-
– Kundenskonto	105,-	105,-
– Selbstkosten	1.348,53	1.068,34
= Stückgewinn	**226,47**	**-----**
= Stückdeckungsbeitrag	**-----**	**506,66**

(in EUR)

c)

Vollkosten:			**Berechnung:**
MEK		600,-	3 m³ * 200 EUR/m²
+ MGK	40 %	240,-	40 % von MEK
+ FEK	(12h)	375,-	250.000,- / 8.000 h = 31,25 EUR/h
+ FGK	48 %	180,-	60 % von FEK
HK		**1.395,-**	**Summe (MEK bis HK)**
+ VwGK	8,6 %	119,97	
+ VtGK	5,2 %	72,54	
SK		**1.587,51**	**Summe (HK bis SK)**

(in EUR)

Teilkosten			Berechnung
MEK		600,-	3 m³ * 200 EUR/m²
+ MGK	26,67 %	160,02	26,67 % von MEK
FEK	(12h)	375,-	250.000,- / 8.000 h = 31,25 EUR/h
+ FGK	16 %	60,-	40 % von FEK
HK		**1.195,02**	**Summe (MEK bis HK)**
+ VwGK	2,1 %	25,10	0 % von HK
+ VtGK	4,2 %	50,20	2,73% von HK
SK		**1.270,32**	**Summe (HK bis SK)**

	Voll	Teil
Verkaufspreis	2.100,-	2.100,-
– Kundenrabatt	420,-	420,-
– Kundenskonto	105,-	105,-
– Selbstkosten	1.587,51	1.270,32
= Stückgewinn	**– 12,51**	**-----**
= Stückdeckungs-beitrag	**-----**	**304,68**

(in EUR)

Die Fehleinschätzung des Faktorpreises Material führt dazu, dass in der Vollkostenrechnung ein Verlust pro Stück i.H.v. 12,51 EUR erzielt wird. In der Teilkostenrechnung sinkt der Stückdeckungsbeitrag auf 304,68 EUR.

Aufgabe 5)

a) Gewinnschwelle = zusätzliche Fixkosten / db

Gewinnschwellle = 120.000,- EUR / 250,- EUR/St.

Gewinnschwelle = 480 St.

b) Dieser Sachverhalt wird im folgenden Schaubild verdeutlicht:

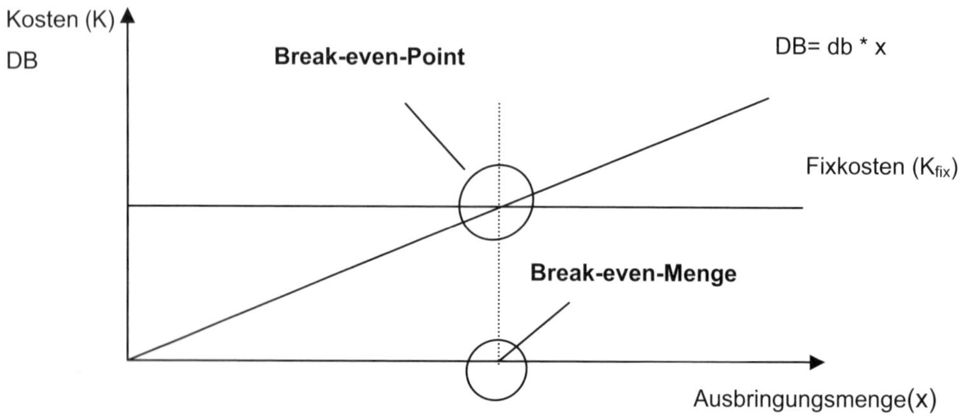

c) 120.000,- EUR / 170,- EUR/St. = 705,88 St.

→ Die Investition sollte nicht getätigt werden, da die Absatzprognose (600 St.) darunter liegt.

d)

In der Grenzplankostenrechnung werden nur die variablen Kosten betrachtet.

Die Plankosten betragen:

K_{Plan} = 500,- EUR/St. * 600 St.

K_{Plan} = 300.000,- EUR

Die Sollkosten betragen:

K_{Soll} = 500,- EUR/St. * 620 St.

K_{Soll} = 310.000,- EUR

VA = 310.000,- EUR – 380.000,- EUR

VA = –70.000,- EUR

Aufgabe 6)

a)

Materialeinzelkosten	75.000,- EUR	↑
Materialgemeinkosten (20 %)	15.000,- EUR	= 90.000,- EUR *100 / 120
Maschinenkosten	38.000,- EUR	
Fertigungslöhne	8.000,- EUR	
Rest-Fertigungsgemeinkosten (50 %)	4.000,- EUR	↓
Normal-Herstellkosten für Mai	**140.000,- EUR**	

Die Schwierigkeit dieser Rechnung besteht nur darin, das bekannte Kalkulationsschema für die Materialeinzelkosten rückwärts zu rechnen!

b) Ermittlung der Bestandsveränderungen UE / FE:

Normal-Herstellkosten für Mai	140.000,- EUR	↑
+ Bestandsveränderung UE	19.272,73 EUR	← Minderung
Herstellkosten der Fertigerzeugnisse	159.272,73 EUR	
- Bestandsveränderung FE	8.000,- EUR	← Mehrung
Herstellkosten des Umsatzes	167.272,72 EUR[1]	
+ Verwaltung, Vertrieb-GK (10 %)	16.727,27 EUR	
+ Sondereinzelkosten des Vertriebs	6.000,- EUR	
Normal-Selbstkosten des Umsatz	190.000,- EUR	

$$HK_U = 190.000,\text{- EUR} - (HK_U * 0,1 + 6.000,\text{- EUR})$$

$$HK_U = 190.000,\text{- EUR} - HK_U * 0,1 - 6.000,\text{- EUR}$$

$$1,1 * HK_U = 184.000,\text{- EUR}$$

$$HK_U = 167.272,72 \text{ EUR}$$

Die Bestandsveränderung der Fertigerzeugnisse beträgt 8.000,- EUR! Deshalb müssen Sie von den Herstellkosten der Fertigzeugnisse abgezogen werden, um die Herstellkosten des Umsatzes zu erhalten. Der Grund ist, dass ein Teil der FE nicht abgesetzt worden ist, also nicht zum Umsatz führte, sondern auf Lager produziert wurde. Umgekehrt verhält es sich bei den unfertigen Erzeugnissen. Die Herstellkosten des Monats Mai sind niedriger als die Herstellkosten für sämtliche Fertigerzeugnisse. Der Grund dafür ist, dass nicht alles neu produziert werden musste, sondern aus unfertigen Erzeugnissen fertige Erzeugnisse wurden.

c)

Normal-Herstellkosten/St. = Bestandsveränderung (EUR) / Bestandsveränderung (St.)

= 8.000,- EUR / 50 St.

= 160,- EUR/St.

Da sonst keine Herstellmengen angegeben sind, werden die Normal-Herstellkosten pro Stück über die Bestandsveränderung in EUR und deren Stückzahl errechnet.

Probeklausur Nr. 4

Aufgabe 1)

Die Druckmaschinen AG, Hersteller von Druckmaschinen für Zeitungsdruckereien, kalkuliert mit den folgenden Normal-Gemeinkostenzuschlagssätzen (NGK-ZS):

MGK = 20 %,

FGK = 70 %,

VerwGK = 2 %.

Die Ist-Gemeinkosten in den Kostenstellen belaufen sich auf:

Material	640.000,- EUR
Fertigung	1.290.000,- EUR
Verwaltung	130.000,- EUR

Die Ist-Einzelkosten betragen:

Material	3.440.000,- EUR
Fertigung	2.050.000,- EUR
Verwaltung	180.000,- EUR

Die Ist-Einzelkosten entsprechen den Normal-Einzelkosten.

In einem BAB sollen nun für das vergangene Quartal Abweichungen bei der Kalkulation der Gemeinkosten festgestellt werden.

a) **Erstellen Sie zeichnerisch einen BAB und berechnen Sie mögliche Abweichungen!**

b) **Kalkulieren Sie die Selbstkosten einer Druckmaschine jeweils mit Ist-GKZS und mit Normal-GKZS! Die Materialeinzelkosten betragen 6.700,- EUR, die Fertigungseinzelkosten betragen 14.960,- EUR. Welche Aussagen lässt der Vergleich zu?**

Aufgabe 2)

Die Ferdi AG fertigt Luxussport- und Geländeautos. Im ersten Quartal wurden 6.000 Sportautos produziert. Davon werden 3.000 Stück verkauft (Verkaufspreis: 100.000,- EUR/St.). Von den Geländeautos wurden 2.000 Stück produziert (Verkaufspreis: 90.000,- EUR/St.). Verkauft wurden 2.200 Stück (zusätzliche Abgänge bei Kommissionshändlern). Die Kostenarten- und Kostenstellenrechnung liefert folgende Daten für das erste Quartal:

Verwaltungs- und Vertriebsgemeinkosten (VwVtGK) = 90.000.000,- EURO. Die Verwaltungs- und Vertriebsgemeinkosten werden zwischen den zwei Kostenstellen im Verhältnis 1:1 aufgeteilt.

Ermitteln Sie das Betriebsergebnis mithilfe des

	Kostenstelle	
	Sportautos	**Geländeautos**
MEK	60.000.000,- EUR	20.000.000,- EUR
MGK	30.000.000,- EUR	20.000.000,- EUR
FEK	180.000.000,- EUR	30.000.000,- EUR
FGK	180.000.000,- EUR	30.000.000,- EUR

a) **Gesamtkostenverfahrens,**

b) **Umsatzkostenverfahrens!**

Aufgabe 3)

Die Maschinen AG verwendet ein System der flexiblen Plankostenrechnung. Die Sollkosten betragen nach der ersten Abrechnungsperiode 80.000,- EUR. Die variablen Stückplankosten betragen 500,- EUR/St., die Ist-Menge 100 Stück. Die Planbeschäftigung beträgt 120 Stück. Die Istkosten belaufen sich auf 90.000,- EUR.

a) **Wie hoch sind die Plankosten?**

b) **Wie hoch ist der Plankostenverrechnungssatz?**

c) **Wie hoch sind die verrechneten Plankosten?**

d) **Nehmen Sie eine Abweichungsanalyse vor!**

Aufgabe 4)

Die Zentral AG fertigt an zwei Standorten. Die Verwaltung ist an einem dritten Standort zentral zusammen gelegt. Am Standort I werden die Produkte A und B, am Standort II die Produkte C und D gefertigt. Im ersten Quartal ergeben sich folgende Daten (die Produktionsmenge entspricht der Absatzmenge):

Produkt	Absatzmenge	Preis	variable Kosten
A	10.000 St.	80,- EUR	50,- EUR
B	6.000 St.	40,- EUR	30,- EUR
C	300 St.	500,- EUR	450,- EUR
D	800 St.	200,- EUR	120,- EUR

Die Fixkosten des Unternehmens betragen 320.000,- EUR im Quartal.

a) **Berechnen Sie das Brutto- und das Nettoergebnis!**

b) **Beurteilen Sie die Aussagekraft der einstufigen Deckungsbeitragsrechnung!**

c) **Eine genaue Analyse der Fixkosten ergibt folgendes Bild:**

Dem Produkt A sind 60.000,- EUR an Fixkosten aufgrund fixer Vetriebskosten zuzurechnen. Aufgrund von Patentgebühren sind dem Produkt B 40.000,- EUR an Fixkosten direkt zurechenbar. Der Standort I hat Fixkosten i.H.v. 60.000,- EUR. Am Standort II sind den Produkten keine Fixkosten direkt verursachungsgerecht zuordenbar. Der Standort II hat jedoch insgesamt Fixkosten i.H.v. 60.000.- EUR. Zudem können Fixkosten des Verwaltungsstandortes in Höhe von 20.000,- EUR direkt dem Standort II zugeschrieben werden. Die restlichen Fixkosten sind durch den Verwaltungsstandort bedingt.

Berechnen Sie die einzelnen Deckungsbeiträge sowie das Nettoergebnis.

d) **Die Marktforschung der Zentral AG ermittelt folgende Absatzmengen bei Preisveränderungen für das Produkt D:**

Preis	Menge
220,- EUR/St.	**700 St.**
180,- EUR/St.	**1.080 St.**
160,- EUR/St.	**1.150 St.**

Welcher Preis sollte gewählt werden? (Die variablen Kosten sind unverändert!)

e) **Beurteilen Sie die Ertragssituation des Unternehmens und zeigen Sie Lösungswege auf!**

Aufgabe 5)

Die Möbel AG hat für die Produktlinie "Bürostühle" eine Kapazität von 20.000 Stück pro Monat. Die variablen Kosten pro Stuhl betragen 34,- EUR/St.. Die bereichsfixen Kosten für die Produktlinie belaufen sich auf insgesamt 440.000,- EUR!

a) **Berechnen Sie die gesamten variablen Kosten, die Gesamtkosten je Monat sowie die Stückkosten. Vervollständigen Sie dabei die folgende Tabelle:**

Stückzahl:	**1.000 St.**	**5.000 St.**	**10.000 St.**	**15.000 St.**	**20.000 St.**
variable Kosten					
fixe Kosten					
Gesamtkosten					
Stückkosten					

b) **Zeichnen Sie (skizzenartig) den Verlauf der Gesamtkosten und der Stückkosten in ein Diagramm! Erläutern Sie die Kurvenverläufe!**

c) **Das Unternehmen hat bisher mit der Vollkostenrechnung kalkuliert. Controllerin Merita Müller überlegt, ob auf die Teilkostenrechnung umgestellt werden soll. Die Möbel AG bekommt eine Anfrage einer Bürohandelskette, die den Stuhl zu einem Preis von 50,- EUR/St. haben möchte.**

c1) Wie sollte die Antwort der Möbel AG ausfallen, wenn die Handelskette die komplette Monatsproduktion des Juni aufkaufen möchte?

c2) Welche Handlungsempfehlung sollte das Controlling dem Management geben, wenn bisher von einer Planbeschäftigung von 70 % für die nächsten Monate ausgegangen worden ist?

d) **Aufgrund eines Nachfragebooms wird eine zusätzliche Fertigungsanlage angeschafft. Zudem entstehen 10 zusätzliche Arbeitsplätze an dieser Anlage. Die Anschaffungskosten der Anlage betragen 1.200.000,- EUR. Für die kalkulatorische Abschreibung wird ein Wiederbeschaffungsindex von 1,2 sowie eine Nutzungsdauer von 5 Jahren angesetzt. Es wird von einem Restwert von 50.000,- EUR ausgegangen. Die Kosten der fest angestellten Mitarbeiter sowie die kalkulatorische Abschreibung und Zinsen werden zu den fixen Kosten hinzugerechnet (kalk. Zinssatz = 10 %). Ein Mitarbeiter kostet 3.500,- EUR (inkl. Sozialversicherungen etc.).**

d1) Um wie viel EUR steigen die fixen Kosten pro Monat insgesamt?

d2) Ermitteln Sie die Stück- sowie die Gesamtkosten für die Beschäftigungs grade 10 %, 50 % und 80 %, wenn nun maximal 25.000 Stück/Monat produziert werden können.

Lösungen zur Probeklausur Nr. 4

Aufgabe 1)

	Material	Fertigung	Verwaltung
Summe Ist-GK	640.000,-	1.290.000,-	130.000,-
Zuschlagsgrundlagen Ist-EK	3.440.000,-	2.050.000,-	7.420.000,-
Ist-GK-S	18,6 %	62,9 %	1,7 %
Normal-GK-ZS	20 %	70 %	2 %
Zuschlagsgrundlage Normal-EK	3.440.000,-	2.050.000,-	7.613.000,-
Normal-GK	688.000,-	1.435.000,-	152.260,-
Kostenüberdeckung	48.000,-	145.000,-	22.260,-
Kostenunterdeckung			

(in EUR)

Die Normal-Gemeinkosten sind höher als die Ist-Gemeinkosten. Dies bedeutet, dass in der Vorkalkulation mehr Kosten kalkuliert wurden als tatsächlich angefallen sind.

Vergleich der Kalkulationsschemata der Herstellungskosten Ist-GKZS vs. Normal-GKZS:

Kalkulation mit			
Ist-GK-ZS		**Normal-GK-ZS**	
MEK	6.700,00	MEK	6.700,00
MGK	1.246,20	MGK	1.340,00
FEK	14.960,00	FEK	14.960,00
FGK	9.409,84	FGK	10.472,00
HK	32.316,04	HK	33.472,00
VwGK	549,73	VwGK	669,44
Selbstkosten	**32.865,77**	**Selbstkosten**	**34.141,44**

(in EUR)

Aussage: Die Kostenträgerrechnung zeigt, dass die Maschine in der Vorkalkulation mit zu hohen Kosten angesetzt wurde, da die Normal-Gemeinkostenzuschlagssätze höher sind als die Ist-Gemeinkostenzuschlagssätze. Positiv daran ist, dass der vorkalkulierte Preis tatsächlich alle Kosten abgedeckt hat, ohne die Gewinnmarge zu beeinträchtigen. Negativ daran ist, dass eventuell ein zu hoher Preis festgelegt wurde und dadurch mögliche Kunden abgeschreckt worden sind.

Aufgabe 2)

a)

Soll	Betriebsergebniskonto nach dem Gesamtkostenverfahren		Haben
Gesamtkosten (beider Kostenstellen):		**Umsatzerlöse:**	
MEK	80.000	Sportautos:	
MGK	50.000		3.000 St. * 100 = 300.000
FEK	210.000	Geländeautos:	
FGK	210.000		2.200 St. * 90 = 198.000
VwVtGK	90.000		
Summe HK	**640.000**	**Summe Umsatzerlöse:**	**498.000**
HK der Bestandsminderung		**HK der Bestandsmehrung**	
200 St * 50 EUR =	**10.000**		3.000 St. * 75 **= 225.000**
→ **Betriebsergebnis:**	**73.000**		
Summe:	**723.000**	**Summe:**	**723.000**

(in Tausend EUR)

b)

Soll	Betriebsergebniskonto nach dem Umsatzkostenverfahren		Haben
Herstellkosten der abgesetzten Menge:		**Umsatzerlöse:**	
Sportautos		**Sportautos**	
3.000 St. * 75 =	**225.000**	3.000 St. * 100 =	**300.000**
Geländeautos		**Geländeautos**	
2.200 St. * 50 =	**110.000**	2.200 St. * 90 =	**198.000**
Summe HK	**335.000**		
VwVtGK	**90.000**		
Betriebsergebnis	**73.000**		
Summe	**498.000**	**Summe**	**498.000**

(In Tausend EUR)

Aufgabe 3)

a)

$K_{Soll} = K_{Fix\text{-}Plan} + k_{var\text{-}Plan} * x_{Ist}$

K_{Soll} = 80.000,- EUR

Ermittlung der Planfixkosten:

80.000,- EUR = $K_{Fix\text{-}Plan}$ + 500,- EUR * 100 St.

$K_{Fix\text{-}Plan}$ = 30.000,- EUR

$K_{Plan} = K_{Fix\text{-}Plan} + k_{var\text{-}plan} * x_{plan}$

K_{Plan} = 30.000,- EUR + 500,- EUR * 120 St.

K_{Plan} = 90.000,- EUR

b)

$$\textbf{PKVS} = \frac{K_{Plan}}{x_{Plan}}$$

PKVS = 90.000,- EUR / 120 St.

PKVS = 750,- EUR/St.

c)

verr.K_{Plan} = PKVS * x_{Ist}

verr.K_{Plan} = 750,- EUR * 100 St.

verr.K_{Plan} = 75.000,- EUR

d.)

Beschäftigungsabweichung (BA):

BA = verr.K_{Plan} - K_{Soll}

BA = 75.000,- EUR - 80.000,- EUR

BA = -5.000,- EUR

Verbrauchsabweichung (VA):

VA = K_{Soll} - K_{Ist}

VA = 80.000,- - 90.000,- EUR

VA = -10.000,- EUR

Gesamtabweichung (GA)

GA = BA + VA

GA = -5.000,- EUR + -10.000,- EUR

GA = - 15.000,- EUR

Aufgabe 4)

a)

(in EUR)	Zentral AG			
	Standort 1		Standort II	
	A	B	C	D
Umsatzerlöse	800.000,-	240.000,-	150.000,-	160.000,-
– Variable Kosten	500.000,-	180.000,-	135.000,-	96.000,-
DB I	**300.000,-**	**60.000,-**	**15.000,-**	**64.000,-**
Bruttoergebnis	**439.000,-**			
– Unternehmens-fixkosten	**320.000,-**			
Nettoergebnis	**119.000,-**			

b)

Die einstufige Deckungsbeitragsrechnung hat den Nachteil, dass keine Analyse der Fixkosten möglich ist. Fixkosten sind zwar von Beschäftigungsschwankungen unabhängig, sie sind jedoch bis zu einem gewissen Grade bestimmten Erzeugnisarten, -gruppen oder Unternehmensbereichen zuordenbar.

c)

(in EUR)	Zentral AG			
	Standort 1		Standort II	
	A	B	C	D
Umsatzerlöse	800.000,-	240.000,-	150.000,-	160.000,-
– Variable Kosten	500.000,-	180.000,-	135.000,-	96.000,-
DB I	**300.000,-**	**60.000,-**	**15.000,-**	**64.000,-**
– Produktfixkosten	60.000,-	40.000,-	0,-	0,-
	240.000,-	**20.000,-**	**15.000,-**	**64.000,-**
DB II	**260.000,-**		**79.000,-**	
– Standortfixkosten	**60.000,-**		**80.000,-**	
	200.000,-		**– 1.000,-**	
DB III	**199.000,-**			
– Unternehmensfixkosten	**80.000,-**			
Nettoergebnis	**119.000,-**			

d)

Es sollte die Preiserhöhung um 20,- EUR gewählt werden, da dann der Deckungsbeitrag I am höchsten ist.

e)

Der Standort I leistet einen hohen Deckungsbeitrag für das Unternehmen, während der Standort II einen negativen Standortdeckungsbeitrag liefert. Dieser ist jedoch geringfügig (–1.000,- EURO), sodass vor einer Schließung des Werkes zunächst nach Wegen gesucht werden müsste, damit es wieder einen positiven Deckungsbeitrag liefert. Da die Fixkosten nicht so schnell abgebaut werden können, müsste versucht werden, entweder die Absatzmengen zu erhöhen (dies wäre über eine Preissenkung möglich) oder die variablen Kosten zu senken. Die Preissenkungen dürfen aber nicht zu Lasten des Deckungsbeitrages I der Produkte C und D gehen, sondern müssten durch den Mehrabsatz ausgeglichen werden.

Aufgabe 5)

a)

Stückzahl	1.000 St.	5.000 St.	10.000 St.	15.000 St.	20.000 St.
variable Kosten	34.000,-	170.000,-	340.000,-	510.000,-	680.000,-
fixe Kosten	440.000,-	440.000,-	440.000,-	440.000,-	440.000,-
Gesamtkosten	474.000,-	610.000,-	780.000,-	950.000,-	1.120.000,-
Stückkosten	474,-	122,-	78,-	63,33	56,-

(in EUR)

b)

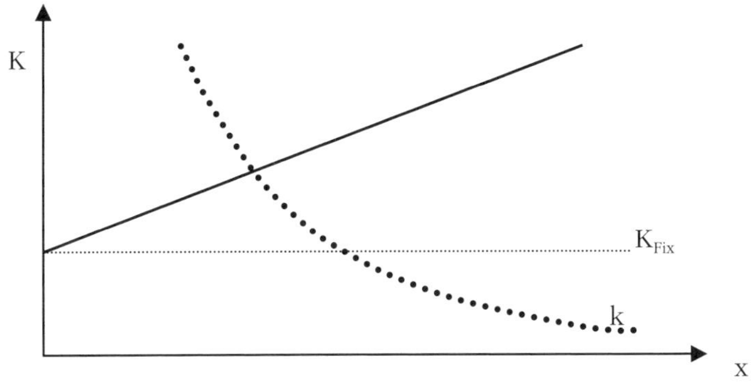

Die gepunktete Linie stellt die Stückkosten dar, die aufgrund der Fixkostendegression immer geringer werden. Die Gesamtkosten werden durch die dicke steigende Linie dargestellt.

c)

c1) Grundsätzlich wird bei einem Stückpreis von 50,- EUR in der Teilkostenrechnung ein positiver Deckungsbeitrag von 16,- EUR erwirtschaftet. Der positive Deckungsbeitrag ist in diesem Fall jedoch nicht entscheidend, letztlich müssen auch alle Kosten des Monats abgedeckt sein, wenn die Großhandelskette die komplette Produktion des Unternehmens aufkaufen möchte.

Rechnung:

K_{Fix} = 440.000,- EUR

db = 16,- EUR/St.

Break-even-Menge = K_{Fix} / db

= 440.000,- EUR / 16,- EUR/St.

= 27.500 St.

Da die Monatskapazität nur 20.000 St. beträgt, muss die Anfrage der Bürohandelskette negativ beschieden werden.

c2) Das Controlling sollte die freien Kapazitäten der nächsten Monate berechnen und dem Management empfehlen in Verhandlungen zu versuchen, den Auftrag auf mehrere Monate zu verteilen.

d)

d1)

Kalkulatorische Kosten der Fertigungsanlage:

Wiederbeschaffungspreis: 1.200.000,- EUR * 1,2 = 1.440.000,- EUR

kalk. Abschreibung = (1.440.000,- EUR – 50.000,- EUR) / 5 Jahre

= 278.000,- EUR/Jahr

fixe Kosten pro Monat bedingt durch die kalk. Abschreibung

= 278.000,- EUR/Jahr / 12 Monate

= 23.166.67 EUR/Monat

Kalkulatorische Zinsen der Fertigungsanlage:

kalk.Zins = ([1.440.000,- EUR + 50.000,- EUR] / 2) * 0,1

= 74.500,- EUR

kalk.Zins/Monat = 6.208,33 EUR/Monat

Kosten der Mitarbeiter:

10 Mitarbeiter * 3.500,- EUR = 35.000,- EUR

Zusätzliche Fixkosten/Monat insgesamt:

23.166,67 EUR + 6.208,33 EUR + 35.000,- EUR = 64.375,- EUR

d2)

Beschäftigungsgrad	10 %	50 %	80 %
Stückzahl	2.500 St.	12.500 St.	20.000 St.
variable Kosten	85.000,-	425.000,-	680.000,-
fixe Kosten	504.375,-	504.375,-	504.375,-
gesamte Kosten	589.375,-	929.375,-	1.184.375,-
Stückkosten	235,75	74,35	59,22

(in EUR)

Index